U0366596

本书由宁夏回族自治区重点研发项目“牛羊规模场重大动物疫病防控与关键技术创新与示范”（项目编号：2019BBF02005）、宁夏动物疫病净化科技创新团队项目、宁夏回族自治区青年拔尖人才培养工程项目和宁夏回族自治区青年科技人才托举工程项目共同资助。

主　编：周海宁　李知新　许立华

副主编：王进香　王晓亮　李靖宁　马　军　刘国华

编　者（按姓拼音排序）：

安泓霏　陈建银　诋　静　伏耀明　高建龙　郭建平　李　杰
李　莉　李莉娟　李　萍　马金昕　马　林　马　龙　闵　泽
强小利　宋权儒　田　祥　王　磊　王瑞刚　王玉梅　吴顺祥
吴亚文　邢　莉　闫小芹　杨佳冰　尹　才　玉贵平　张成莲
张国俊　张　虎　张　娟　张学军　张　雯　张玉玲　赵　燕
郑小彭　宗亮泽　谢文青

动物疫病样品采集技术手册

DONGWU YIBING YANGPIN CAIJI JISHU SHOUCE

周海宁　许立华　李知新　编著

黄河出版传媒集团
阳　光　出　版　社

图书在版编目（CIP）数据

动物疫病样品采集技术手册 / 周海宁, 许立华, 李知新编著. -- 银川 : 阳光出版社, 2021.8

ISBN 978-7-5525-6030-5

Ⅰ. ①动… Ⅱ. ①周… ②许… ③李… Ⅲ. 兽疫－标本－采集－技术手册 Ⅳ. ①S855-62

中国版本图书馆CIP数据核字(2021)第157160号

动物疫病样品采集技术手册　　周海宁　许立华　李知新　编著

责任编辑　马　晖
封面设计　石　磊
责任印制　岳建宁

黄河出版传媒集团
阳　光　出　版　社　出版发行

出 版 人　薛文斌
地　　址　宁夏银川市北京东路139号出版大厦（750001）
网　　址　http://www.ygchbs.com
网上书店　http://shop129132959.taobao.com
电子信箱　yangguangchubanshe@163.com
邮购电话　0951-5014139
经　　销　全国新华书店
印刷装订　宁夏银报智能印刷科技有限公司
印刷委托书号　（宁）0021456

开　　本　787mm×1092mm　1/16
印　　张　10.75
字　　数　200千字
版　　次　2021年5月第1版
印　　次　2021年5月第1次印刷
书　　号　ISBN 978-7-5525-6030-5
定　　价　48.00元

前 言

动物实验室诊断，是采用化学、生物化学、病毒学、细菌学、动物寄生虫学、病理学等方法检查患病动物病理组织、血液、尿液、粪便等病料，确诊动物传染病、侵袭性疾病和普通病，为预防和控制动物疾病提供科学依据的根本方法和技术。随着科学技术的发展，动物疫病样品采集技术在动物实验室诊断工作中日趋重要。

在动物疫病的防控中，实验室诊断有着不可取代的重要作用。实验室诊断结果的特异性、准确性和有效性，是否能够反映出疫病的真实情况，都与诊断样品的采集、运输、保存等有重要关系。规范化的样品采集、运输、保存是高质量控制动物疫病诊断和监测工作至关重要的一环。

为了提高宁夏区、市、县（区）三级动物疫病样品采集的技术水平，我们根据农业农村部的要求，借鉴兄弟省区市的成功做法，按照目前动物实验室新的样品采集方法，结合宁夏实际，组织编写了《动物疫病样品采集技术手册》一书。目的是指导兽医工作者较为系统地了解动物疫病样品采集的新技术，掌握常用的新方法，提高样品采集水平，增强对动物防疫工作，特别是对重大动物疫病防控的技术支撑能力，为保护畜牧业健康发展提供有力的技术保障。

本手册着重阐明动物实验室有关样品采集基本原则和要求，样品采集的前期准备、基本方法和注意事项，样品的保存、包装运送以及采集样品时的生物安全预防，涉及动物实验室规范性采集样品的基本内容，对指导动物实验室规范性采集样品的基本内容、动物实验室技术人员或其他兽医工作者开展工作有重要作用。

在本书编写过程中,得到各方面的大力支持,我们在此一并表示诚挚的感谢!

由于我们的实际工作经验不足，收集到的相关资料有限，编写水平不高，业务水平有限，同时有些内容需要在今后的工作实践中进一步补充完善,书中难免存在这样或那样的不足甚至错误,恳请各位读者提出宝贵的修改和补充意见,以便有机会再版时进一步修订完善。

编　者

2021 年 5 月 1 日

目　录

第一章　样品采集的基本原则和要求

检测样品是检测工作的源头,所有检测均是以样品为对象。因此,可以说检测样品的质量,决定着检测工作的成败。动物的离体组织、排泄物和体液的实验室诊断分析是其疾病诊断的基本条件，在此基础上结合其他资料进行综合分析,对疾病的确诊、病情发展的预测及防预措施的制定有重要意义。样品能否正确反映机体真实情况与样品的采集过程密切相关,包括样品采集的时机,采集前的准备,采集时动物的身体状态,采集的量、方法及保存等。不恰当的采集过程可能引起疾病的误诊,故正确采集标本是保证诊断正确、治疗无误的最基本的条件。

第一节　样品采集的基本原则

样品采集是动物疫病监测过程中十分重要的一项工作内容，样品的质量好坏会直接影响实验室检测结果,进而影响动物疫病的防治效率。因此,严格执行样品采集工作是必不可少的。

一、样品采集应当具备的基本条件

1. 具有与采集病原微生物样本所需要的生物安全防护水平相适应的设备；

2. 具有掌握相关专业知识和操作技能的工作人员；

3. 具有有效地防止病原微生物扩散和感染的措施；

4. 具有保证病原微生物样本质量的技术方法和手段。

二、样品采集基本原则

1. 凡是血液凝固不良、天然孔流血的病、死动物,应耳尖采血涂片,首先排除炭疽,炭疽病死动物严禁剖检。

2. 样品采集时必须无菌,而且避免样本交叉感染。解剖时应从胸腔到腹腔,先采实质器官,尽量保证无菌操作,避免外源性污染,最后采集胃肠等易造成污染的组织器官。

3. 采取的样品必须有代表性,采取的组织器官应有明显且典型的病变。采取病料的种类,根据不同的疾病或检验目的,采其相应血液、活体组织、脏器、肠内容物、分泌物、排泄物或其他材料。肉眼难以判定病因时,应全面系统地采集病料。

4. 血液样品在采集前一般禁食 8 h。采集血样时,应根据采样对象、检验目的及所需血样量确定采血方法与采血部位。

5. 进行流行病学调查、抗体检测、动物群体健康评估或环境卫生检测时,样品的数量应能满足统计学要求。

6. 病料最好在使用治疗药物前采集,用药后会影响病料中微生物的检出。死亡动物的内脏病料采取,最迟不超过死后 6 h(尤其在夏季),否则,因尸体腐败而难以采集到合格的病料。

7. 采样时应考虑动物福利和环境的影响,防止污染环境和疫病传播,做好环境消毒和废弃物的处理,同时应做好个人防护,预防人畜共患病感染。

第二节　样品采集的基本要求

一、采样种类和时间的要求

由于动物疫病的特点、临床表现、检测要求和检验项目不同,需要采集的标本种类、采样时间及采样要求也不尽一致。因此应根据不同动物疫病、检验项目、检验目的选择适当的样本和采样时机。

1. 当开展疫病诊断时，采集病死动物的有病变的脏器组织、血清和抗凝血。采集样品的大小、数量要满足诊断的需要，以及必要的复检和留样备份。

（1）一般情况下，对于采集的常规病料应满足诊断的需要；同时有临床症状需要做病原分离的，样品必须在疫病的初发期或症状典型时采样，病死动物应立即采样。

（2）采集血液样品时，如果是用于病毒检验样品，在动物发病初体温升高期间采集；对于没有症状的带毒动物，一般在进入隔离场后 7 d 以前采样；用于免疫动物血清学诊断时，需在动物发病初期和后期分别采集血清进行检测，比较抗体效价变化。两次采血时间相隔 3~4 周。

（3）怀疑细菌感染时，应尽量在急性发病期和使用抗生素之前采集病料，进行细菌的分离培养。

（4）用于寄生虫鉴定检验样品，因不同血液寄生虫在血液中出现的时机及部位各不同，因此，需要根据各种血液寄生虫的生活特点，采集相应时机及部位的血制成血涂片和抗凝血，送实验室检测。

2. 当进行免疫效果监测时，一般在动物免疫后采集 14~20 d 随机抽检。

3. 当进行疫情监测或流行病学调查时，根据区域内养殖场户数量和分布，按一定比例随机抽取养殖场户名单，然后每个养殖场户按估算的感染率，计算采样数量，随机采取。

二、采集样品量的要求

根据不同的疾病或检验目的，分别采集相应的组织脏器、内容物、分泌物、排泄物或其他材料；进行流行病学调查、抗体检测、动物群体健康评估或环境卫生检测时，采集样品的数量应满足统计学的要求。采样时应充分保定动物，减少对动物的刺激或损害，在保护动物的同时避免对采样者构成威胁。对发病群体在无法通过大体剖检初步判定病因时，可进行全面的样品采集，以备检查之需。所有样品容器上均需做好标注，以防混淆。

1. 供细菌分离用样品的采集：对动物进行病原学检查时，病料的采集和运送是否得当，是关系到能否分离到病原菌的关键。因此首先应充分了解各种病原菌（目的菌）在被检动物体内及其分泌物和排泄物中的分布情况。不同病原菌在患病动物体内的分布情况是不同的，即使是同一种病原菌，在疾病的不同时期和不同的病型中分布也不同。在采取病料前必须对被检动物可能患有何种疫病应做出初步诊断判断。根据国际标准或官方采样程序采样。采取病料所用器械都应事先消毒，确保无毒无菌，采样时应无菌操作。为了提高病原微生物的阳性分离率，采取的病料要尽可能齐全，除了内脏、淋巴结和局部病变组织外，还应采取脑组织和骨髓，以防遗漏；同时，要认真填写好病料送检单和剖检病理变化记录。

2. 供病毒分离样品的采集：不同的病毒病采集的样品各有不同，样品的采集对于疾病的检测与定性非常重要。其原则是尽可能采集新鲜样品。最理想的时期，是在机体尚未产生抗体之前的发病急性期。濒死动物的样品，或死亡之后立即采集的样品也有利于病毒分离。采集样品的选择一般是：呼吸道疾患采集咽喉分泌物；中枢神经疾患采脑脊髓液；消化道疾患采集粪便；发热性疾患和非水泡性疾患采集咽喉分泌物、粪便及全血；水泡性疾患采集水泡皮和水泡液。若是尸体剖检后采集样品，一般是采集有病理变化的器官或组织。

检验样品量，应根据检验项目、检验方法和检验的项目数来确定。以下是一般情况下，送检样品至少应达到的量。

（1）用作血液生化、血清抗体检测等的血液量为 5~10 mL/份，血清量应为 1~5 mL/份。

（2）用作病原分离的组织样品量为 50~100 g/份。

（3）用作肠道寄生虫和消化功能检测的粪便量 10~20 g/份；大家畜一般不少于 60 g/份。

(4)分泌液和渗出液为 3~4 mL/份。

(5)采集的乳汁样品应为 10 mL/份。

(6)采集的水泡皮、结节、痂皮样品等应至少达到 3~5 g/份。

(7)用作病理切片的样品大小为 1 cm×1.5 cm,厚为 0.5~0.7 cm 的组织块 2~3 块。

三、采集样品数量的要求

可参考表 1-1确定监测数量。

表 1-1　场群内个体抗体监测抽样数量表

场/群存栏数/头(只)	抽样数量/头(只) 可接受误差					
	5%	6%	7%	8%	9%	10%
50	37	33	30	26	24	21
100	59	49	42	36	30	26
150	72	59	48	40	34	29
200	82	65	53	43	36	30
250	90	70	56	45	37	31
300	95	73	58	46	38	32
350	100	76	59	47	39	32
400	103	78	60	48	39	32
450	106	80	61	49	39	33
500	109	81	62	49	40	33
550	111	82	63	50	40	33
600	113	83	64	50	40	33
650	115	84	64	50	41	33
700	116	85	65	51	41	33
750	117	86	65	51	41	34

续表

场/群存栏数/头(只)	抽样数量/头(只)					
	可接受误差					
	5%	6%	7%	8%	9%	10%
800	118	86	65	51	41	34
850	119	87	66	51	41	34
900	120	87	66	51	41	34
950	121	88	66	52	41	34
1 000	122	88	66	52	41	34
1 100	123	89	67	52	42	34
1 200	125	89	67	52	42	34
1 300	125	90	67	52	42	34
1 400	126	90	68	53	42	34
1 500	127	91	68	53	42	34
1 600	128	91	68	53	42	34
1 700	128	91	68	53	42	34
1 800	129	92	68	53	42	34
1 900	129	92	69	53	42	34
2 000	130	92	69	53	42	34

注:按照预期抗体合格率90%,95%置信水平,不同可接受误差条件下,选取不同规模抽样数量。

对于病原学监测,可参考表1-2确定监测数量。

四、采集典型病变病料的要求

采集病料,应在症状最典型时采取病变最明显的部位。作组织病理学检验用的组织必须新鲜,选择病变最典型最明显的部位,并应连同部分健康组织一并采集;若同一组织有不同的病变,应同时各取一块。寄生虫如蠕形螨、

表 1–2　场群内个体病原学监测抽样数量表

场/群存栏数/头(只)	抽样数量/头(只)				
	可接受误差				
	1%	2%	3%	4%	5%
50	49	46	41	35	30
100	95	83	67	54	43
150	139	113	87	65	50
200	181	140	101	73	54
250	220	162	112	79	57
300	258	181	121	83	59
350	294	199	129	87	61
400	329	214	135	89	62
450	361	227	140	91	63
500	393	239	145	93	64
550	423	250	149	95	65
600	452	260	152	96	66
650	480	269	155	98	66
700	506	277	158	99	67
750	532	284	160	99	67
800	557	291	162	100	67
850	580	297	164	101	68
900	603	303	166	102	68
950	625	309	168	102	68
1 000	646	314	169	103	69
1 100	687	323	172	104	69
1 200	724	331	174	105	69
1 300	760	338	176	105	70

续表

场/群存栏数/头(只)	抽样数量/头(只)				
	可接受误差				
	1%	2%	3%	4%	5%
1 400	793	345	178	106	70
1 500	824	350	179	106	70
1 600	853	355	180	107	70
1 700	881	360	182	107	70
1 800	907	364	183	108	71
1 900	931	368	184	108	71
2 000	955	372	185	108	71

注:预期病原学阳性率5%,95%置信水平、100%试验敏感性条件下,不同可接受误差条件下,采取不同规模抽样数量。

痒螨等,在患病皮肤与健康皮肤交界处,用凸刃小刀,使刀刃与皮肤表面垂直,刮取皮屑,直到皮肤轻度出血,接取皮屑送检。

五、无菌操作的要求

供病原学及血清学检验的样品,须无菌操作采样。样品容器应首先冲洗干净后再以干热或高压灭菌,并烘干。不能耐高压的塑料容器应经紫外线距离20 cm直射2 h灭菌后使用。作病毒检测时,可在容器内加入样品保存液(含抗生素)。

六、病毒性疾病样品的采集要求

以"早、准、冷、快、足、护"为基本原则。

1. 宜早不宜迟。要求在发热期(病毒血症期)采集,一般在一周以内,最好3 d以内,可提高病毒分离成功率及检出率。

2. 从富集病毒的组织或体液中采集,如呼吸道、消化道分泌物、血液等。

3. 采集的样品要求冷藏或冷冻保存。4 h 内能送检的可以在 4℃温度保存,不能及时送检的要求在-40℃或更低温度保存。

4. 采集的样品应迅速送检,防止反复冻融。

5. 采集的数量要求足够,最好采集双份,便于复检,但要注意双份样品性能的一致性,可混匀后分装。

6. 对采集的样品要注意保护,做好包装,低温保存,派专人护送,防止被盗、丢失、外泄或破损等事故发生。

七、细菌性疾病的样品采集要求

1. 细菌样品怕冷怕热,病毒怕热不怕冷。

2. 细菌分离用样品要求在患病动物使用抗生素之前采集，否则这种样品在分离培养时要加药物拮抗剂,例如使用青霉素的要加青霉素酶,磺胺药的加对氨苯甲酸。

3. 细菌在体液中分布相对多一些,而病毒在组织样品中分布相对较多。

八、样品的标识要求

1. 采集和运送样品的容器必须有明确的能牢固粘贴的标签，标明样品的种类、数量、采样容器、样品性质、运送人和接收人及其联系方式、统一的识别编号及检验目的、临床症状等信息,以供实验室检验人员参考。

2. 样品包装上的编号要与抽样单上的编号一致。

3. 样品标识应明显,来源明确,信息齐全,并附抽样单。

九、其他要求

1. 用于采样的病死动物最好是未经治疗过的。

2. 一个容器只装一个动物的样品,不应把数个动物的样品混合装在一起。

第二章　采样器械物品的准备

第一节　器械

一、器械

采集各类样品，在配备有冷藏采样箱、消毒棉球、消毒药品、记号笔、抓猪器、毛剪、自封袋、带塑料杆的无菌棉拭子等常用物品以外，通常需要准备一些特有的器械。血液样品尽可能使用一次性塑料采血器或真空采血管，应根据动物的大小选择合适型号的采血器。采集组织样品时，解剖刀、剪刀、镊子等所有器械必须严格消毒，避免带入其他病原体。

二、使用器械的消毒

1. 刀、剪、镊子等用具煮沸消毒 30 min，使用前用酒精擦拭，用时进行火焰消毒。

2. 器皿（玻璃、陶器等）经 103 kPa 高压 30 min，或经 160℃干烤 2 h 灭菌，或放于 0.5%~1.0%的碳酸氢钠溶液中煮沸 10~15 min，水洗后，再用清洁纱布擦干，保存于酒精溶液中备用。

3. 一般要求使用一次性注射器和针头。

4. 采集一种病料，使用一套器械与容器，不可用其再采其他病料或容纳其他脏器材料。采过病料的用具应先消毒后清洗。

三、样品容器

包括样品管或样品瓶、玻片、平皿、离心管及易封口样品袋、塑料包装袋等。

采集样品应使用无菌容器。对容器的基本要求是选耐用材料制成，带螺旋盖帽，容器包装后可防渗漏，能承受运送过程中可能发生的温度和压力变化，还要能抗振荡、颠簸等外力的冲击。

不得采用玻璃或易碎样品管，不得用无螺旋盖样品管。

四、药品类

消毒药品：过氧乙酸、含氯消毒剂、碘伏、碘酒棉球、70%酒精、酒精棉球等。

控制虫媒生物的药品：高效氰菊酯、溴氰菊酯、菊酯类气雾剂等。

第二节　记录

抽样单、不干胶标签、签字笔、记号笔、橡皮膏、标本盒、纸、记录本、疫情登记表（册）、便携计算机、相机、GPS、电子录音笔等。按相关要求认真记录。

第三节　保存液

不同样品、不同检验项目和方法，需要采用不同的样品保存液。

表 2-1　不同样品保存液的主要用途

序号	保存液	主要用途
1	磷酸盐缓冲液（PBS）	用于各种样品的采集和保存
2	磷酸盐缓冲液（PBS）	用于棉拭子样品的保存
3	30%甘油磷酸盐缓冲液	用于细菌检验样品的保存
4	50%甘油磷酸盐缓冲液	用于病毒样品的保存

续表

序号	保存液	主要用途
5	营养肉汤	用于粪便样品、分泌物样品的保存
6	细胞培养液	用于病毒样品的采集和保存
7	汉克氏(Hanks)液	用于各种样品,特别是病毒样品的采集和保存
8	乳汉氏液(pH 7.4)	用于病毒样品的采集和保存
9	1%肝素溶液	用于血液的抗凝
10	10%EDTA 溶液	用于血液的抗凝,PCR 检测时推荐用该抗凝剂
11	草酸盐合剂	用于血液的抗凝
12	3.8%枸橼酸钠溶液	用于血液的抗凝
13	10%福尔马林(甲醛)溶液	用于杀菌和防腐,固定和保存标本、病料
14	5%石炭酸(苯酚)溶液	用于骨样品的采集及血清样品的防腐处理
15	0.1%硫柳汞溶液	用于血清样品的防腐处理
16	70%酒精溶液	用于样品采集过程中的消毒处理
17	0.2%柠檬酸溶液	O-P 液样品采集过程中的消毒
18	2%氢氧化钠溶液	用于 O-P 液样品采集过程中的消毒
19	0.5%~1.0%的碳酸氢钠溶液	用于采样用具的煮沸消毒
20	Zenker 氏固定液	用于检测狂犬病动物脑组织病料的固定

第四节　人员防护用品

采样人员在采样过程中必须做好个人防护,通常要配备工作服、手套、口罩等个人防护用品。

一、工作服

采样时,潜在危险的物质极有可能溅到工作人员身体下,穿戴工作服和个人防护装备很有必要。非一次性工作服要及时消毒、清洗。工作服也可以是连体防护服,污染的防护服应进行无害化处理。

二、手套

手套在实验室工作时可供使用,以防护生物危险、化学品、辐射污染,冷和热,产品污染,刺伤、擦伤和动物抓咬伤等。

手套按所从事操作的性质应符合舒服、合适、灵活、握牢、耐磨、耐扎和耐撕的要求,并应对所涉及的危险提供足够的防护。戴手套时,应保证所戴手套无漏损、手要干燥;在撕破、损坏或怀疑内部受污染时要及时更换手套。脱手套之前先用消毒液消毒手套,然后一手捏住另一手的手套掌部往外拉,使污染的部分包在里面。使用后的手套应进行无害化处理。

三、口罩

选择合适的口罩,戴之前,应检查是否破损和清洁。穿戴时,须用手捏下鼻部,使其紧贴皮肤,以防漏气。

四、鞋

实验用鞋应舒适,鞋底防滑。

五、帽子

使用一次性帽子时,用毕应做无害化处理。

第三章　血液样品的采集

采集动物血液是动物疫病采样的一项重要内容,对疫病监测意义重大。采血过程中应严格保持无菌操作。采血前后,应用酒精棉球对采血部位进行消毒。采血完毕后用干棉球按压止血。采血用的注射器和试管必须清洁干燥无菌。在采血、分离血清过程中,应避免溶血。

供检验用的血液样品,一般采集静脉血,大动物可采集多量的血液,而小动物和实验动物的采血量少,只能根据检验的目的、动物种类和病情酌定采血量。

对大多数大型哺乳动物可选择颈静脉或尾静脉采血,但也可用肢静脉和乳房静脉。禽类通常选择翅静脉采血。对小型实验动物可通过耳静脉或心脏穿刺采血。采血可用针管、针头和真空管(不适合于小静脉,但对大静脉很方便)。少量的血可用笔尖形针头采取。理想的做法是,静脉穿刺部位的皮肤先剃毛(拔毛),再用 70%酒精棉球消毒,干燥后再穿刺采血。各种动物的采血部位见下表。

表 3-1　各种动物的采血部位

采血部位	畜种	采血部位	畜种
劲静脉	马、牛、羊	耳静脉	猪、羊、犬、猫、实验动物
前腔静脉	猪	翅静脉	家禽
隐静脉	犬、猫、羊	脚掌	鸭、鹅
前臂头静脉	犬、猫、猪	冠或肉髯	鸡
心脏	兔、家禽、豚鼠	断尾	猪、实验室动物

第一节　禽类的采血方法

一、翅静脉采血

暴露静脉，从翅膀肱骨区的腹面拔去少许羽毛，这样即在肱二头肌和肱三头肌间的深窝里见到翅静脉。在翅静脉处消毒，手持采血针，从无血管处向翅静脉丛刺入，见有血液回流，即把针芯向外拉，使血液流进采血器。也可保定禽只，先将两翅向背部提起，然后用左手紧紧地将两翅抓在一起，使翅膀展开，暴露出腋窝部，用消毒棉消毒。拇指压近心端，待血管怒张后，用装有细针头的采血器由翼根向翅方向平行刺入静脉，放松对近心端的按压，缓慢抽取血液。采血完毕用干棉球按压止血。

二、心脏采血

1. 雏禽心脏采血：左手抓鸡，术者手持采血针，与颈椎平行从胸腔前口插入，回抽见有回血时，即把针芯向外拉，使血液流入采血针。

2. 成年禽心脏采血：成年禽只采血可采取侧卧和仰卧保定。

（1）侧卧保定采血：助手抓住禽两翅及两腿，右侧卧保定，在触及心搏动明显处，或胸骨嵴前端至背部下凹处连线的 1/2 处消毒，针头所处的角度约为 45°，与对侧的肩关节呈正中方向，垂直或稍向前方刺入 2~3 cm，回抽见有回血时，即把针芯向外拉使血液流入采血针。侧面穿刺时必须遵守一个总的规则，即应先在胸骨前端想象一条垂直线，使其与胸骨嵴构成直角，然后沿着这条想象的线进行触诊，此时可感觉到心跳，插入针头至适当深度。

（2）仰卧保定采血：通过胸腔入口进行心脏穿刺，应将鸡只仰卧，使胸骨嵴向上，用手指把嗉囊及其内容物压离局部，露出胸前口，将针头沿其锁骨俯角刺入，顺着体中线方向水平段 2.5 cm 处的背部。针头所处的角度约为 45°，与对侧的肩关节呈正中方向。针头必须经过胸骨和剑突二者构成的角，直接刺入心脏。

第二节 猪的采血方法

一、前腔静脉采血

根据猪的大小来确定其保定是采用站立提鼻法或手握前肢倒提法。猪的站立位置相当重要，头要上举，身体要直，前肢向后伸。动物站立时，颈静脉沟的末端刚好处于胸腔入口处前方所形成的凹陷，将针从此凹陷处向对侧肩关节顶端刺入。无论是从前腔静脉还是从颈静脉采血均以选择右侧为佳，因为右侧的迷走神经分布到心脏和膈的分支较左侧少的缘故。如果正好刺伤迷走神经，猪会表现呼吸困难，全身发紫和抽搐。

1. 站立保定，保定器保定让猪头仰起，露出右腋窝，从右侧向心脏方向刺入，回抽见有回血时，即把针芯向外拉，使血液流入采血针。

2. 仰卧保定，把前肢向后方拉直。选择胸骨端与耳基部连线上胸骨端旁开 2 cm 的凹陷处，消毒。一般用 9 号针头的采血器向后内方与地面呈 60°角刺入 2~3 cm，当进入约 2 cm 时可一边刺入一边回抽针管内芯；刺入血管时即可见血进入针管内，采血完毕，局部消毒。

二、颈静脉采血

同前腔静脉采血一样，可将猪站立保定，针从颈静脉沟刺入，以稍偏中线的方向向背侧直刺。

三、耳静脉采血

用一橡皮带扎住耳基部使耳静脉充盈。迅速刺入以防静脉滚动，由于真空容器常会使静脉塌陷，因而多使用采血器采样。还可以采用另一种方法采样，即用小刀将耳腹静脉切一个小口，用试管在此切口下采集自然滴下来的血样。

四、尾血管采血

这种方法只适用于没有断尾的成年猪，拎起尾巴，从尾根腹侧直接进针采血。

五、眶静脉窦采血

大猪用提鼻保定法，小猪用手握保定法，注意保定好猪的口鼻部。将针置于内眼角恰在瞬膜内，然后轻轻地向内并稍向前下方刺入静脉窦，刺入后让血液自行从针头往外滴，用一开口的试管接取血样。

表 3–2　猪的采血

采血位点	猪的大小	针头大小	采血量
前腔静脉	直至 45 kg	20 号（38 mm）	不限量
	45~133 kg	18 号（65 mm）	不限量
	成年猪	16 号（90 mm）	不限量
颈静脉	所有年龄猪	20 号（38 mm）	不限量
耳静脉	成年猪	20 号（25 mm）或用刀片	1~2 mL
尾血管	成年猪	20 号（25 mm）	5~10 mL
眶静脉窦	直至 18 kg	20 号（25 mm）	5~10 mL
	18~54 kg	16 号（38 mm）	5~10 mL
	超过 54 kg 的成年猪	14 号（38 mm）	5~10 mL

第三节　牛、羊的采血方法

一、牛、羊颈静脉采血

将动物保定，稍抬头颈，于颈静脉沟上 1/3 与中 1/3 交界部剪毛消毒，一手拇指按压采血部位下方颈静脉沟血管，促使颈静脉怒张，另一手执采血器针头，与皮肤呈 45°角由下向上刺入，血液顺管壁流入采血管内，防止气泡产生。待血量达到要求后，拔下针头，用消毒棉球轻轻按压针眼止血。

二、牛尾静脉采血

固定动物，使牛尾往上翘，手离尾根部约 30 cm。在离尾根 10 cm 左右中点凹陷处，先用酒精棉球消毒，然后将采血针针头垂直刺入约 1 cm 深。针头触及尾骨后再退出 1 mm 进行抽血。采血结束，消毒并按压止血。

三、乳房静脉采血

奶牛、奶山羊可选乳房静脉采血，奶牛腹部可看到明显隆起的乳房静脉，消毒后静脉隆起处，针头向后肢方向快速刺入，见有血液回流，缓慢抽取所需量血液或接入真空采血管。

第四节　其他动物采血方法

一、家兔和豚鼠采血

心脏部位约在胸前由下向上数第三与第四肋骨间，用手触摸心脏搏动最强部位，剪毛消毒，将采血器针头由此部位垂直刺入心脏，家兔略有颤动，表明针头已穿入心脏，然后轻轻地抽取，如有回血，表明已插入心脏内，即可抽血；若无回血，可将针头退回一些，重新插入心腔内，若有回血，按压心脏，缓慢抽取所需血量。

二、小鼠采血

可以先麻醉，一般取其仰卧姿势，在其锁骨与剑突连线的中点沿胸骨左缘进针 5 mm 左右，边刺入边抽吸，即可采血。也可进行尾静脉采血，固定动物并露出鼠尾。将尾部浸入 45°左右的温水中数分钟，使尾部血管充盈。再将尾擦干，用锐器（刀或剪刀）割去尾尖 0.3~0.5 cm，让血液自由滴入盛血器或用血红蛋白吸管吸取。采血结束，伤口消毒并按压止血。大量采血时采用眼球摘除法采血，若需反复采血可采用毛细血管眼内眦采血法或断尾采血法。

第五节　血液样品的制备

常规血液制备可分为两类，即抗凝血和非抗凝血。抗凝血常用作细菌或病毒检验样品，非抗凝血常用于免疫学检查。

一、全血样品

全血主要用于血细胞成分的检查，也用于血液学分析，或用玻片制作鲜血涂片直接检查细菌和寄生虫，或用血液样品进行细胞或病毒的分离培养。

采集全血样品前，务必要在承接血样的容器内加入抗凝剂。常用抗凝剂有肝素和 EDTA 等，也可用草酸钾、草酸钠、枸橼酸钠等。根据不同的检验项目，选用合适的抗凝剂十分重要。

采集全血或血浆样品时，在采血前应在采血管中加入抗凝剂，制备抗凝管。如用采血器采血，应在采血前先用抗凝剂湿润采血器。用抗凝剂采集的血样，采完血后必须立即轻轻震荡充分混合。常用的抗凝剂有：

1. 肝素：主要是抑制凝血酶原转化为凝血酶，使纤维蛋白原不能转化为纤维蛋白。0.1~0.2 mg 或 20 IU（1 mg 相当于 126 IU）可抗凝 1 mL 血液，常配成 1%肝素溶液适用于大多数实验诊断的检查。缺点是白细胞的染色性较差。

2. 乙二胺四乙酸二钠（EDTA-Na）：与钙离子形成 EDTA-Ca 螯合物而起抗凝作用，1 mL 血液需 1~2 mg，常配成 10%EDTA 溶液，取此液 2 滴加入试管或玻瓶中，可抗凝 5 mL 血液。该抗凝剂对血细胞形态影响很小，常用于血液学检验。

3. 草酸盐：与血液中钙离子结合形成不溶性草酸钙而起抗凝作用。1 mL 血液用 2 mg 草酸盐即可抗凝。常用的草酸盐为草酸钾、草酸钠和草酸铵，配成 10%溶液，根据抗凝血量加入试管用于红细胞压积容量的测定。临床上一般用草酸铵与草酸钾或草酸钠两者适当比例混合的抗凝剂。取此液 0.5 mL，可抗凝 5 mL 血液。此抗凝剂能保持红细胞的形态和体积不变(草酸铵可使血细胞膨胀,草酸钾或草酸钠可使血细胞皱缩),适用于血液细胞学检查,但不适用于非蛋白氨、血氨等含氨物质和钾、钙的测定。

4. 枸橼酸钠:与血液中钙离子形成非离子化的可溶性钙化合物而起抗凝作用,溶解度和抗凝度较弱,5 mg 可抗凝 1 mL 血液。使用时配成 3.8%枸橼酸钠溶液,0.5 mL 可抗凝 5 mL 全血。主要用于红细胞沉降速率的测定和输血,一般不作为生化检验的抗凝剂。

二、血清样品

血清和血浆则用于大部分临床化学检查和免疫学检查。按照第三章所述的方法采集动物血液,将采集的血液密封于承接容器内(勿加抗凝剂),在室温下或 37℃温水中斜置 1~2 h 后(但温度不宜过高或过低),使血液凝固收缩。待血清析出后,用注射器吸取血清,或用灭菌玻璃棒将血块剔出,将血清转移至干净的离心管中,然后置 4℃冰箱保存备用。或采集的血液待凝固后以 3 000 r/min 离心 10~15 min,将离心后的血清倾出或用移液管吸出转入经高压灭菌的离心管中,冷藏保存送检。

采出的血液,冬季应放置室内防止血清冻结,夏季应放置阴凉之处并迅速送往实验室。新鲜血样在刚采出后,决不能立即放入冰箱,因为这样会阻止血凝过程。若在 48 h 内能送检,则需加入硫柳汞(最终浓度为万分之一),或按比例每 1 mL 血清加入 1~2 滴 5%石炭酸(苯酚)生理盐水溶液,以防腐败。

第四章 动物活体样品的采集

采集样本是取得检验结果的前提条件。实践操作中应根据不同的疾病、不同的病理组织、不同的表现以及不同的检验目的,采集不同的样本。采集样本的基本要求是保质、保量、新鲜、无污染和样品采集后的妥善保存。

动物活体样品的采集主要包括牛、羊 O-P 液(食道—咽部分泌物),粪便样品,皮肤样品、水泡液及水泡皮,羽毛,扁桃体,棉拭子,生殖道样品,胃液,尿液,乳汁等,以及饲料、饮用水、空气、土壤等样品的采集。

第一节 家禽活体的样品采集

一、家禽喉拭子和泄殖腔拭子采集方法

取无菌棉签,插入鸡喉头内或泄殖腔转动 3 圈,取出,插入离心管中(事先加入 1 mL 含青霉素、链霉素各 3 000 IU,pH 7.2 PBS, 剪取露出棉签部分,盖紧瓶盖,做好标记。

二、家禽羽毛采集方法

拔取受检鸡含羽髓丰满的翅羽或身上其他部位大羽, 将含羽髓的羽根部分按编号分别剪下收集于小试管内,于每管中滴加蒸馏水 2~3 滴(羽髓丰满时也可不加),用玻璃棒将羽根挤压于试管底,使羽髓浸出液流至管口,用滴管将其吸出。

第二节　猪活体的样品采集

一、猪扁桃体的采集方法

从活体采取扁桃体样品时，应使用专用扁桃体采集器。先用开口器开口，可以看到突起的扁桃体，把采样钩放在扁桃体上，快速扣动扳机取出扁桃体放离心管中，冷藏或冷冻送检。

二、鼻拭子、咽拭子样品的采集方法

应用灭菌的棉拭子插入鼻孔至上腭和咽喉并停留片刻，在鼻孔内和咽喉内慢慢旋转，蘸取分泌物后，立即将拭子浸入保存液中，密封低温保存。常用的保存液有含抗生素的 PBS 保存液（pH 7.4）、灭菌肉汤（pH 7.2~7.4）或30%甘油盐缓冲液。若准备将待检样品接种组织培养，则应保存于含 0.5%乳蛋白水解液中，一般每支需要保存液 1 mL。

第三节　牛、羊活体的样品采集

牛、羊动物 O-P 液（食道—咽道分泌物）采集方法

被检动物在采样前禁食（可饮少量水）12 h，以免胃内容物反流污染 O-P 液。采样探杯在使用前应在装有 0.2%柠檬酸或 1%~2%氢氧化钠溶液的塑料桶中浸泡 5 min，再用与动物体温一致的清水冲洗后使用。每采完一头动物，探杯要重复进行消毒并充分清洗。采样时动物应站立保定，将消毒好的探杯把手握紧，打开牛羊口部伸入到食道上部，随着吞咽动作进入，切勿蛮力，避免插入气管或造成食道咽部损伤。进入后，在食道上部 10~15 cm 处，轻轻来回抽动 2~3 次，再将探杯拉出。取出 8~10 mL O-P 液，倒入含有等量细胞培养液（0.5%水解乳蛋白–Earles 液）或磷酸盐缓冲液（0.04 mol/L，pH 7.4）的灭菌广口瓶中，充分摇匀加盖封口，放入冷藏箱及时送检，不能及时

送检时应置于-30℃冷冻保存。若采集的样品有胃内污染物时，用清水或生理盐水清洗口腔后应再重新采样。

第四节　马活体的样品采集

马鼻咽棉拭子：可在60 cm长的软不锈钢末端缠上棉纱布作为棉拭子，并将其放在塑料管里，经高压灭菌后，可反复使用。采样时，棉纱布尽可能插入马的鼻咽部，插入长度成年马大约30 cm，小马约25 cm，马驹约20 cm。保证马的安静是成功采样的关键。采样时要注意棉拭子的松紧，防止其脱落在鼻咽部。对于小马和马驹，鼻棉拭子纱布可根据鼻孔的大小适当调整。采完样后，将棉拭子浸入在5 mL磷酸盐缓冲液(PBS)中，诊断实验室通过振荡、挤压棉拭子，使黏附于棉拭子上的病毒释放到缓冲液中，以便用于直接检测、过滤或其他处理。

第五节　其他动物的活体样品采集

一、粪便样品的采集

1. 用于病毒检验：分离病毒的粪便必须新鲜。少量采集时，以灭菌的棉拭子从直肠深处或泄殖腔黏膜上取粪便，并立即投入灭菌的试管内密封，或在试管内加入少量pH 7.4的磷酸盐缓冲液(PBS)或50%甘油磷酸盐缓冲液再密封。须采集较多量的粪便时，可将动物肛门周围消毒后，用器械或用戴上胶手套的手伸入直肠内取粪便，也可用压舌板插入直肠，轻轻用力下压，刺激排粪，收集粪便。所收集的粪便装入灭菌的容器内，经密封并贴上标签，立即冷藏或冷冻送实验室。

2. 用于细菌检验：做细菌检测的粪便，最好是在动物使用抗菌药物之前，从直肠或泄殖腔内采集新鲜粪便。采样方法与供病毒检验的方法相同。粪便样品较少时，可投入无菌磷酸盐缓冲液(PBS)或营养肉汤或30%甘油磷酸盐缓冲液试管内；较多量的粪便则可装入灭菌容器内，贴上标签后冷藏送实验室。

3. 用于寄生虫检验：粪便样品应选自新排出的粪便或直接从直肠内采集，以保持虫体或虫体节片及虫卵的固有形态。一般寄生虫检验所用粪便量较多，需采取 5~10 g 新鲜粪便，大家畜一般不少于 60 g，并应从粪便的内外各层采取，粪便样品以冷藏不冻结状态保存。

二、生殖道样品的采集

生殖道样品主要包括动物流产排出的胎儿、死胎、胎盘、阴道分泌物、阴道冲洗液、阴茎包皮冲洗液、精液、受精卵等。一般可取阴道或包皮冲洗液作样品，或用合适的拭子采取样品。

1. 流产胎儿及胎盘：可按采集病死动物组织样品的方法，无菌采集病变典型的组织器官。也可按检验目的采集血液或其他组织。或将流产后的整个胎儿，用塑料薄膜、油布或数层不透水的油纸包紧，装入有冰袋的冷藏箱，立即送实验室。

2. 精液：精液样品用人工方法采集，所采样品应包括“富精”部分，并避免加入防腐剂。

3. 阴道、阴茎包皮分泌物：可用棉拭子从深部取样，采取后立即放入盛有灭菌营养肉汤等保存液的试管内，冷藏送检；亦可将阴茎包皮外周、阴户周围消毒后，以灭菌磷酸盐缓冲液（PBS）冲洗阴道、阴茎包皮，收集冲洗液。

三、皮肤样品的采集

1. 有水泡病变的疾病，应直接从病变部位采样。水泡样品采集部位可用清水清洗，切忌使用酒精、碘酒等消毒剂消毒、擦拭。剪取新鲜水泡皮 3~5 g 放入锥瓶中，加适量（2 倍体积）50%甘油磷酸盐缓冲液（pH 7.4），加盖密封。保存液应能完全浸没采集的样品。加塞塞紧并用胶带封口，−30℃以下保存。

2. 尽可能无菌取病变组织 2 g，置入 5 mL 50%甘油磷酸盐缓冲液（pH

7.6)运输。

3. 未破裂水泡中的水泡液用灭菌注射器吸出后装入灭菌小瓶中，加盖并用胶带封口，严防进水，4~8℃冷藏。

4. 拨取毛发部绒毛用于检查体表的螨虫、跳蚤和真菌感染。

5. 活动物的病变皮肤如有新鲜的水泡皮、结节、痂皮等可直接剪取3~5 g；活动物的寄生虫如疥螨、痒螨等，在患病皮肤与健康皮肤交界处，用凸刃小刀，将刀刃与皮肤表面垂直刮取皮屑，直到皮肤轻度出血，接取皮屑供检验。

四、胃液及瘤胃内容物的采集

1. 胃液采集：对于大动物，胃液可用多孔的胃管抽取。将胃管送入胃内，其外露端接在吸引器的负压瓶上，加负压后，胃液即可自动流出。

2. 瘤胃内容物采集：可在反刍动物反刍过程中食团从食道逆入口腔时，立即开口拉住舌头，另一只手深入口腔即可取出少量的瘤胃内容物。

五、浓汁的采集

做细菌学检验的，应在动物未使用药物治疗前采取。采集已破口的脓灶脓汁，宜用棉拭子蘸取；未破口脓灶，可用注射器抽取脓汁。

六、尿液的采集

动物排尿时，用洁净的容器直接接取，也可使用塑料袋，固定在雌畜外阴部或雄畜阴茎下接取尿液。采取尿液，宜早晨进行。可以用导管导尿或膀胱穿刺采集。

七、关节及胸腹腔积液的采集

1. 皮下水肿液和关节囊(腔)渗出液：用注射器从积液处抽取。

2. 胸腔渗出液：在牛右侧第五肋间或左侧第六肋间用注射器刺入抽取，马在右侧第六肋间或左侧第七肋间刺入抽取。

3. 腹腔积液:采集牛腹腔积液,在最后肋骨后缘右侧腹壁作垂线,再由膝盖骨向前沿水平线,两线交点至膝盖骨的中点为穿刺部位,用注射器抽取。注意:马的腹腔积液穿刺抽取部位只能在左腹侧。

八、脊髓液的采集

使用特制的专用穿刺针;或用长的封闭针头(将针头稍磨钝,并配以合适的针芯);采样线,术部及用具均按常规消毒。

1. 颈椎穿刺法:穿刺针与皮肤面呈垂直,缓慢刺入。将针体刺入蛛网膜下腔,立即拔出针芯,脑脊髓液自动流出或点滴状流出,盛入消毒容器内。大型动物颈部穿刺一次采集量为35~70 mL。

2. 腰椎穿刺法:穿刺部位为腰荐孔。动物应站立保定,术部剪毛消毒,用专用的穿刺针刺入,当刺入蛛网膜下腔时,即有脊髓液滴状滴出或用消毒注射器抽取,盛入消毒容器内。大型动物腰椎穿刺一次采集量为15~30 mL。

九、乳汁的采集

乳房先用消毒药水洗净(取乳者的手亦应事先消毒),并把乳房附近的毛刷湿,最初所挤的3~4 mL乳汁弃去,然后再采集10 mL左右乳汁盛于灭菌试管中。进行血清学检验的乳汁不应冻结、加热或强烈震动。

十、其他样品的采集

为进行动物环境卫生监督或疾病调查,环境样品通常可采取垫草、排泄的粪便或尿液,也可用拭子在通风道表面(通常是灰尘)、下水道、孵化场、屠宰场、饲料通道采样。该类型采样方法在孵化器、人工授精点和屠宰场尤其重要。样品也可采取食槽或容器中的动物饲料。饲料、饮水器、水槽或天然或人工供应水中的水可作为样品。将固体培养基平皿暴露静置于空气中,可用于采集空气中的微生物。

1. 水样的采集:如可凝污染区内有水源点、水库、河流等,可按有小不采大，有静不采动原则采取表面水。每点采 100~500 mL，用聚乙烯袋或洗净的瓶子盛装，要扎紧袋口或塞好瓶塞，不得使水外溢，可使用硝酸纤维膜滤器过滤采集水样，可达到集菌的目的。过滤的水可供检查毒素或病毒之用。

2. 空气采样平板沉降法：适用于动物舍内空气中细菌的检测。根据检出目的菌的特征，选用相应的平板培养基，在室内四角和中央处各放一个平皿。打开平皿盖，扣放于旁，使培养基在空气中暴露 15 min，盖好，置 37℃培养 24 h。计算 5 个平板上平均菌落数。

3. 惯性撞击采样法：可利用空气微生物采样器。通电后，开始采样，采样时间根据情况而定，一般在 0.5~8.0 min，流量为 40 L/min。采样后，取出含有培养基的胶条，37℃培养 24 h，计算菌落数。

4. 饲料样品的采集：采集饲料必须用灭菌器具在无菌操作下进行，根据饲料种类取样。如袋、罐、瓶装者应取完整的未开封的。样品是固体粉末，应边取边混合。一般采样量 100~200 g。

5. 啮齿动物的采集：洞居类用捕鼠笼、钢轧或掘灌等方法捕捉，装入布制鼠袋或塑料袋后送检。若个体大，不方便后送的，条件许可时，也可剖取脾、肝、腿骨等送检。

6. 土壤样品的采集：可在地面上按所需的深度挖一个坑，用灭菌刀除去土壤地面表层，以灭菌勺采取 200 g 土壤，装入灭菌容器内送检。

第六节 部分动物的处死方法

采样过程中有时需要对动物实施死亡，采样者应站在动物的立场上以人道的原则，充分考虑动物福利去处置动物，原则上不给实验动物任何恐怖和痛苦，也就是要施行安乐死。

一、家禽

1. 窒息法：先将待扑杀禽只装入袋中，置入密封容器，通入二氧化碳窒息致死;或将禽装入密封袋中,通入二氧化碳窒息致死。

2. 扭颈法:一只手握住头部,另一只手握住体部,朝相反方向扭转拉伸。

二、大鼠和小鼠

1. 颈椎脱臼法:右手抓住鼠尾用力向后拉,同时左手拇指与食指用力向下按住鼠头。将脊髓与脑髓拉断,鼠便立即死亡。

2. 断头法:用剪刀在鼠颈部将鼠头剪掉,鼠立即死亡。

3. 击打法:右手抓住鼠尾提起,用力摔击其头部,鼠痉挛后立即死去。或用木槌用力击打鼠头部也可致死。

4. 急性大出血法:可采用鼠眼眶动脉和静脉急性大量失血方法使鼠立即死亡。

5. 药物致死法:吸入一定量的一氧化碳、乙醚、氯仿等均可使动物致死。

三、狗、兔、豚鼠

1. 空气栓塞法:向动物静脉内注入一定量的空气,使之发生栓塞而死。当空气注入静脉后,可在右心随着心脏的跳动使空气与血液成泡沫状,随血液循环到全身。如进到肺动脉,可阻塞其分支,进入心脏冠状动脉,造成冠状动脉阻塞,发生严重的血液循环障碍,动物很快致死。一般兔、猫等静脉内注入 20~40 mL 空气即可致死。每条狗由前肢或后肢皮下静脉注入 80~150 mL 空气,可很快致死。

2. 急性失血法:先使动物轻度麻醉,如狗可按每公斤体重静脉注射硫喷妥纳 20~30 mg,动物即很快入睡。暴露股三角区,用锋利的刀具在股三角区作一个约 10 cm 的横切口,把股动、静脉全切断,立即喷出血液。

用一块湿纱布不断擦去股动脉切口周围处的血液和血凝块,同时不断地用自来水冲洗流血,使股动脉切口处保持畅通,动物 3~5 min 内即可致死。采用此种方法,动物十分安静,对脏器无损伤,对活杀采集病理切片标本是一种较好的方法。

3. 破坏延脑法:如果急性实验后,脑已暴露,可用器具将延髓破坏,导致动物死亡。对家兔也可用木槌用力锤击其后脑部,损坏延脑,造成死亡。

4. 开放性气胸法:将动物开胸,造成开放性气胸。这时胸膜腔的压力与大气压力相等,肺脏因受大气压缩发生肺萎陷,纵膈摆动,动物窒息而死。

5. 化学药物致死法:静脉内注入一定量的氯化钾溶液,使动物心肌失去收缩能力,心脏急性扩张,致心脏弛缓性停跳而死亡。每条成年兔由兔耳缘静脉注入 10%氯化钾溶液 5~10 mL; 每条成年狗由狗前肢或后肢下静脉注入 20~30 mL。即可致死。

静脉内注入一定量的福尔马林(甲醛)溶液,使血液内蛋白凝固,动物由于全身血液循环严重障碍和缺氧而死。每条成年狗静脉注入 10%福尔马林溶液 20 mL 即可致死。也可将福尔马林与酒精按一定比例配成动物致死液应用。

四、蛙类

常用金属探针插入枕骨大孔, 破坏脑脊髓的方法处死。将蛙用湿布包住,露出头部,左手执蛙,并用食指按压其头部前端,拇指按压背部,使头前俯;右手持探针由凹陷处垂直刺入,刺破皮肤即入枕骨大孔。这时将探针尖端转向头方,向前深入颅腔,然后向各方搅动,以捣毁脑组织。

再把探针由枕骨大孔刺入并转向尾方,刺入椎管,以破坏脊髓。脑和脊髓是否完全破坏, 可检查动物四肢肌肉的紧张性是否完全消失。拔出探针后,用一个小干棉球将针孔堵住,以防止出血。操作过程中要防止毒腺分泌物射入实验者眼内。如被射入时,则需立即用生理盐水冲洗眼睛。

第五章　病死动物组织样品的采集

采集病死动物的组织样品全过程，主要包括肝脏、脾脏、肾脏等实质器官，肠管及肠内容物样品，脑组织、皮肤、骨骼等。采取病料时，应根据临床症状或对大体剖检的初步诊断，有选择地采取剖检病变典型的脏器组织和内容物。如肉眼难以判定时，可全面采取病料。

第一节　病死动物组织样品采集的基本原则和要求

1. 采样人员应具有剖检技术和病理学知识，正确掌握各种动物的剖检程序，以便选择最适器官和最有价值的病灶进行采样。

2. 用常规器械剥离死亡动物的皮肤，体腔用灭菌器械打开，并用无菌器械收集所需器官的组织。

3. 采样的基本顺序。采集有病变的器官组织，要采集病变和健康组织交界处，先采集实质器官，如脾、肾等，后采集污染的器官组织，如胃、肠等。

4. 采取病料时，应根据动物生前发病情况或对疫病的初步诊断印象，有选择地采取相应病变最严重的脏器或最典型的病变内容物。如分不清病的性质或种类时，可全面采取病料。

5. 每块组织应单独置于消毒带螺帽的小瓶或标示清楚的塑料袋中。微生物培养用的样品应该使用灭菌器械采集，并注意防止组织被肠内容物污染。不能在组织样品上或其旁边使用消毒剂，以免影响细菌培养或病毒分离。

第二节　组织样品的采集

一、小动物活体或尸体的采集

将病死动物或将发病动物致死后，装入密封塑料袋内，放入有冰袋的冷藏箱内，及时送往实验室。

二、实质器官的采集

先采集小的实质器官如脾、肾、淋巴结等，小的实质器官可以完整地采取。大的实质器官如心、肝、肺等，采集有病变的部分，要采集病变和健康组织交界处。

1. 用于病理组织学检验的组织样品：供病理组织学检查的样品要新鲜、不能冷冻，不要挤压，尽量避免造成人为损伤。采集包括病灶及临近正常组织的组织块，若同一组织有不同的病变，应分别各取一块。切取组织样品的刀具应十分锋利，取材后立即放入10倍于组织块的10%福尔马林（甲醛）溶液中固定。组织块厚度不超过0.5~0.7 cm，切成1.0 cm×1.5 cm大小（检查狂犬病则需要较大的组织块）。组织块切忌挤压、刮摸和水洗。如作冷冻切片，则将组织块放在0~4℃容器中，尽快送实验室检验。

有些情况，如检查狂犬病，需要较大的矢状脑组织切块，一半是新鲜加冰呈送，另一半加10%福尔马林溶液固定。如检查痒病、牛海绵状脑病或其他传染性海绵状脑病，则需要整个脑组织。

福尔马林固定组织要与新鲜组织、血液或拭子分开包装。固定后，可以弃去固定液，只要将组织保持湿润（可用福尔马林浸泡的纸巾包裹、密封运送瓶），就可送往实验室。

2. 用于病原分离的组织样品采集。用于微生物学检验的病料应新鲜，尽可能地减少污染。

（1）用于细菌分离样品的采集。首先以烧红的刀片烫烙脏器表面，在烧烙部位刺一孔，用灭菌后的铂耳或棉签伸入孔内，取少量组织或液体做涂片镜检或划线接种于适宜的培养基上。如遇尸体已经腐败，某些疫病的致病菌仍可在长骨、肋骨等部位增殖，因此可从骨髓中分离细菌。采集的所有组织应分别放入灭菌容器内或灭菌塑料袋内，贴上标签，立即冷藏运送到实验室。尽量不要冻结。

(2)用于病毒学检验的样品采集。做病毒检验时，必须用无菌技术采集，可用一套已消毒的器械切取所需器官组织块，每取一个组织块，应用火焰消毒剪镊等取样器械，组织块应分别放入灭菌容器内并立即密封，贴上标签，注明日期、组织或动物名称，注意防止组织间相互污染。将采取的样品放入冷藏容器立即送实验室。如果运送时间较长，可作冻结状态，也可以将组织块浸泡在 pH 7.4 乳汉氏液或磷酸盐缓冲肉汤保护液内，并按每毫升保护液加入青霉素、链霉素各 1 000 IU，然后放入冷藏瓶内送实验室。

三、肠管及肠内容物样品的采集

1. 肠管的采集：用线扎紧病变明显处(5~10 cm)的两端，自扎线外侧剪断，把该段肠管置于灭菌容器中，冷藏送检。

2. 肠管内容物的采集：选择肠道病变最明显的部分，取内容物。先用灭菌生理盐水轻轻冲洗，也可烧烙肠壁表面，用吸管扎穿肠壁，从肠腔内吸取内容物，将肠内容物放入盛有灭菌的 30%甘油磷酸盐缓冲液中送检。

四、眼睛样品的采集

眼结膜表面用拭子轻轻擦拭后，放在灭菌的 30%甘油磷酸盐缓冲液中送检。也可采取病变组织碎屑，置载玻片上，供显微镜检查。

五、皮肤样品的采集

采集扑杀或死后的动物皮肤样品，用灭菌器械取病变部位及与之交界的小部分健康皮肤(约 10 cm×10 cm)，保存于 30%甘油磷酸盐缓冲液中，或

10%饱和盐水溶液中。活动物的病变皮肤如有新鲜的水疱皮、结节、痂皮等可直接剪取 3~5 g,活动物的寄生虫病如疥螨、痒螨等,在患病皮肤与健康皮肤交界处,以凸刃小刀与皮肤表面垂直刮取皮屑,直到皮肤轻度出血,接取皮屑供检验。

六、骨样品的采集

需要完整的骨样品时,应将附着的肌肉和韧带等全部剔除,表面撒上食盐,然后包入浸过 5%石碳酸溶液的纱布中,装入不漏水的容器内送往实验室。

七、脑组织样品的采集

全脑做病毒检查时，可将脑浸入 30%甘油磷酸盐缓冲液中或将整个头部割下,包入浸过消毒液的纱布中,置于不漏水的容器内保存。

牛、羊海绵状脑病采样的组织,采样时先打开头颅骨,取脑干延髓的脑闩、小脑后脚、四叠体前丘处脑干等神经核密集区域,需冷冻保存(-70℃,无条件则-20℃保存);其余大脑、小脑、脑干组织采集后立即置于 10%福尔马林溶液中,愈快愈好。尽量取全脑组织,包括大脑、小脑和脑干。注意脑组织需在动物死亡后尽快采集。或在枕骨大孔处用剪刀剪开脑硬膜,目的是切断延脑与头骨之间相连的神经和血管,以便于脑组织顺利挖出。从延脑腹侧(也即勺子从枕骨大孔的上面进入)将采样勺插入枕骨大孔中,插入时采样勺要紧贴枕骨大孔的腔壁,以免损坏延脑组织。采样勺插入深度为 5~7 cm(采羊脑时插入深度约为 4 cm),然后向上扳勺子手柄,同时往外抠出脑组织和勺子,延脑便可取出。注意:尽量保护好延脑“三叉口”处(脑闩部)组织的完整性。

做狂犬病的尼格里氏体检查的脑组织:取样应较大,一部分供在载玻片上作触片用,另一部分供固定,用 Zenker 氏液固定(重铬酸钾 36 g、氯化汞 54 g、氯化钠 60 g、冰醋酸 50 mL、蒸馏水 950 mL)。做其他包涵体检查的组织用氯化高汞(氧化汞)甲醛固定液(氯化汞饱和水溶液 9 份、甲醛溶液 1 份)。

八、环境样品采集

为监测环境卫生或调查疫病，也可从遗弃物、通风管、下水道、孵化厂或屠宰场采集自然样品。

表 5-1　主要动物疫病检验应采集的样品

疫病名称	主要易感动物	应采集的样品
一、反刍动物主要疫病检验应采集的样品		
口蹄疫	牛、绵羊、山羊	水疱皮、水疱液、淋巴结、脊髓、肌肉，食道—咽部分泌物
绵羊痘和山羊痘	绵羊、山羊	新鲜病变组织及水疱液、肺脏、肾脏、肝脏、痘肿皮肤、淋巴结
炭疽	牛、水牛、绵羊、山羊	耳部全血、病变水肿液或渗出液、肝脏、脾脏、肾
副结核病	牛、绵羊、山羊	粪便、直肠刮取物、病变肠段黏膜、全血
布鲁氏菌病	牛、水牛、牦牛、绵羊、山羊	阴道分泌物、乳汁、精液、全血
蓝舌病	牛、绵羊、山羊	全血、精液、肝脏、心脏、脾脏、肾脏、淋巴结
	牛	呼吸道拭子、阴道拭子、脑组织、流产胎儿组织、胎盘、精液、全血
牛结核病	牛、绵羊、山羊	乳汁、精液、子宫分泌物、尿、粪便、下颌、咽后、支气管、肺门、纵膈及肠系膜等部位的淋巴结
地方性牛白血病	牛、水牛、绵羊	淋巴结、胃、脾脏、肠、肝脏、肾脏、肺脏、全血
牛病毒性腹泻-黏膜病	牛	全血、精液、淋巴结、扁桃体、肠道组织、鼻分泌物、死胎组织
牛流行热	牛	全血、脾脏、肝脏、肺脏
山羊关节炎/脑炎	山羊	关节液、关节软骨、肺脏、滑膜、乳腺、脑
梅迪-维斯纳病	绵羊、山羊	肺脏、滑膜、乳腺、脑、乳汁
胎儿弯曲杆菌病	牛、绵羊	阴道黏液、包皮液
二、猪主要疫病检验应采集的样品		
口蹄疫	猪	水疱皮、水疱液、淋巴结、扁桃体、脊髓、肌肉、食道—咽部分泌物
猪水泡病	猪	水疱皮、水疱液

续表

疫病名称	主要易感动物	应采集的样品
猪瘟	猪	急性病例首选扁桃体、慢性病例首选直肠末端：脾脏、肾脏、淋巴结、回肠、结肠、全血
伪狂犬病	猪	脑组织（中脑、脑桥或延髓）、三叉神经节、扁桃体、肺脏、淋巴结
弓形虫病	猪	脑、心脏、肝脏、肺、肾脏、骨骼肌、腹腔液、全血
猪乙型脑炎	猪	子宫内膜、流产胎儿的脑组织、脑脊髓液、发病种猪的睾丸
猪细小病毒病	猪	流产胎儿、死胎、木乃伊胎及弱仔的脑、肾、睾丸、肺脏、肝脏等、母猪的胎盘、阴道分泌物
猪圆环病毒病	猪	以仔猪的肺脏和淋巴结为主、肾脏、肝脏、胰腺
猪繁殖与呼吸综合征	猪	肺、脾脏、扁桃体、死胎、腹水
高致病性猪蓝耳病	猪	肺、脾脏、扁桃体、死胎、腹水
猪丹毒	猪	心血、肝脏、脾脏、淋巴结、皮肤疹块、关节液和内膜增生物
猪肺疫	猪	心血、肝脏
猪链球菌病	猪	肝脏、脾脏、淋巴结、全血、关节液等
猪传染性萎缩性鼻炎	猪	肺脏、鼻黏液
猪支原体肺炎	猪	肺脏、肺门淋巴结、纵膈淋巴结
猪传染性脑脊髓炎	猪	脑、脊髓
猪传染性胸膜肺炎	猪	病死猪的肺脏、鼻腔分泌物、肺气管、肺门淋巴结、心血、胸水
猪流行性腹泻	猪	粪便、空肠及小肠内容物
猪流感	猪	鼻拭子、气管或支气管拭子、肝脏、脾脏
猪传染性胃肠炎	猪	粪便、空肠内容物、小肠、扁桃体、肠系膜淋巴结
猪密螺旋体痢疾	猪	粪便、大肠黏膜刮取物
旋毛虫病	猪	膈肌、舌肌、咬肌、腰肌、肋间肌
猪囊尾蚴病	猪	膈肌、舌肌、咬肌等，脑、心脏、肝脏、肺脏
大肠杆菌病	猪	肺脏、肝脏、肾脏、肠内容物

续表

疫病名称	主要易感动物	应采集的样品
非洲猪瘟	猪	经典株：口鼻拭子、脾脏、淋巴、肺脏、抗凝血
		变异株：对可疑猪，按检出概率高低排序，依次采集深部咽拭子、淋巴结（微创采集）、前腔静脉抗凝血（EDTA）或尾根血、口鼻拭子对分娩母猪，应采集脐带血、胎衣；对死胎和流产胎儿，应采集淋巴结、脾脏等组织样品；对病死猪，优选采集淋巴结、脾脏、骨髓和肺脏
三、马属动物主要疫病检验应采集的样品		
马传染性贫血	马	全血
马流行性感冒	马	鼻咽拭子、鼻、气管冲洗物、全血
马鼻疽	马	全血、鼻腔黏液、颌下淋巴结等
马腺疫	马	颌下淋巴结处浓汁、鼻腔分泌物
四、禽类主要疫病检验应采集的样品		
高致病性禽流感	鸡、火鸡、鸭、鹅、鸽子等家禽及野生禽类	气管、脾脏、肺脏、肝脏、肾脏、脑、肠管和肠内容物、气管和泄殖腔试子、新鲜粪便
新城疫	鸡、鸽、火鸡、鹅、鹌鹑、鸵鸟、孔雀等禽类	鼻、咽、气管分泌物，肝脏、脾脏、肺脏、脑、腺胃、肠管及肠内容物、粪便、泄殖腔试子
鸡传染性喉气管炎	鸡	口咽或气管分泌物、眼分泌物、喉头、气管
鸡传染性支气管炎	鸡	肺脏、支气管、肾脏、输卵管、盲肠、扁桃体、泄殖腔试子
鸡传染性法氏囊病	鸡、火鸡	法氏囊、肾脏、脾脏，全血
鸡马立克氏病	鸡、鹌鹑、火鸡	羽毛（毛囊与髓质端）、外周神经和内脏的肿瘤组织、脾脏
鸡产蛋下降综合征	鸡、鸭、鹌鹑、珍珠鸡	输卵管，子宫的黏膜，卵巢，咽喉部，泄殖腔试子，劣质蛋清
禽白血病	鸡、鹌鹑、鹧鸪	蛋清、全血、肝脏、脾脏、法氏囊、肾脏、肺、性腺（卵巢和睾丸）、肠系膜
禽痘	鸡、火鸡、观赏鸟	水疱皮及其浓性渗出物，口腔、食管、舌或上呼吸道黏膜
鸭病毒性肝炎	鸭	肝脏、全血
小鹅瘟	鹅、番鸭	肝脏、胰脏、脾脏、肾脏、脑、肠

续表

疫病名称	主要易感动物	应采集的样品
禽霍乱	鸡、鸭、鹅等	肝脏、脾脏、心血、关节、腱鞘、肺、气囊等局部病灶组织，鼻黏液，全血
鸡白痢	鸡、火鸡、鸭、鹌鹑等	肝脏、脾脏、卵巢、输卵管、全血
鸡败血支原体	鸡、火鸡	鼻腔、气管、眶下窦、气囊、泄殖腔
鸡球虫病	鸡、鹅	肠道内容物(新鲜粪便)、肠道黏膜、鹅(肾)
鸡病毒性关节炎	鸡、火鸡	病鸡关节、腱鞘水肿液、骨膜组织
禽传染性脑脊髓炎	鸡、火鸡、日本鹌鹑	脑、肌胃、腺胃、胰腺、肝脏
鸡传染性鼻炎	鸡	眶下窦黏液/浆液
禽伤寒	鸡、火鸡、鸭、鹌鹑等	肝脏、脾脏、卵巢、输卵管
禽网状内皮组织增殖病	鸡、火鸡、鸭、鹅	肝脏、脾脏、法氏囊、蛋清
禽曲霉菌病	各种禽类	肺脏、气管和气囊
大肠杆菌病	鸡、鸭、鹅	心包积液、肝脏、卵黄、脑
衣原体病	鹦鹉、鸡、火鸡、鸭	器官分泌物、心脏、肝脏、脾脏肠道黏膜、气囊、心包、腹水
鸡传染性贫血	鸡	肝脏、脾脏、胸腺、骨髓、心脏、肺脏、法氏囊、肾脏
五、其他动物主要疫病检验应采集的样品		
狂犬病	犬、猫、兔等	大脑海马回、小脑皮质和延髓
兔病毒性出血病	家兔和野兔	肝脏、脾脏、肾脏、肺脏
兔黏液瘤病	家兔和野兔	淋巴结、肺脏、肾脏
兔球虫病	家兔和野兔	粪便、肝脏
兔出血性败血症	兔	鼻咽部或气管分泌物、肺脏、心血

第六章　寄生虫标本的采集和保存

第一节　剖检动物时寄生虫标本的采集法

采集剖检动物的全部寄生虫标本并进行鉴定和计数，对寄生虫病的诊断和了解寄生虫的流行情况具有重要意义，根据工作要求的不同，可分为寄生虫学完全剖检法、个别器官的寄生虫学剖检法和对某一种寄生虫的采集法。

一、寄生虫学完全剖检法

在动物死亡（或捕杀）后，首先制作血片，染色检查，观察血液中有无寄生虫。再次仔细检查体表，观察有无体表寄生虫，并收集。最后剥皮，观察皮下组织有无虫体寄生。

将各内部脏器依次取出，先收集胸水、腹水，沉淀后观察其中有无寄生虫。然后取出全部消化器官及其所附的肝、胰等腺体。取出呼吸系统、泌尿系统和生殖系统器官，心脏，大的动脉和静脉血管。

要劈开颅骨对脑进行检查，检查脊髓。检查眼和结膜腔，检查鼻腔和额窦，检查唇、颊和舌。采取全身有代表性的肌肉进行检查。

各类器官和检查方法，实际可分为两种。一种如肠、胃是有大量内容物的腔道，应在水中剖开，将内容物洗入液体中，然后对黏膜循序仔细检查，洗下的内容物则反复加水沉淀，待液体清澈无色为止，再取沉渣进行检查。一种如肝、肺等实质器官，首先将其撕碎成小块，置 37℃温水中，待其虫体自行移出（即贝尔曼法原理），再用手在水中压组织块，将其中残留的虫体挤出，最后将液体经过反复沉淀，检查沉渣。

为了检查沉渣中纤细的较小虫体，可在沉渣中滴加浓碘液，使粪渣和虫体均染成棕黄色，继之以5%的硫代硫酸钠溶液脱色，但虫体着色后不脱色，仍保持棕黄，而粪渣及纤维均脱色，故棕色虫体易于辨认。

现将各系统的检查法分述如下：

1. 消化系统：先将附着其上的肝、胰取下，再将食道、胃（反刍动物应将四个胃分开）、小肠、大肠、盲肠分别结扎后分离。

食道应剖开，检查食道黏膜下有无虫体寄生，应注意有无筒线虫和纹皮蝇幼虫（牛），在食道浆膜面应检查有无肉孢子虫。

胃和各肠段应分别置于容器内，剖开，加水将内容物洗入水中。仔细检查洗净的胃及肠黏膜上是否附有虫体，并用小刀刮取胃、肠黏膜，将刮下物置解剖镜下检查。洗下物应多加生理盐水，反复地多次洗涤，沉淀，等液体清净透明后，分批取少量沉渣，洗入大培养皿的清水中，先后放于白色和黑色的背景上，寻找虫体。

肝和胰用剪刀沿胆管或胰管剪开，检查其中虫体，然后将其撕成小块，用贝尔曼法分离虫体，并用手挤压组织，最后在液体沉淀中寻找虫体。

2. 呼吸器官：用剪刀将鼻、喉、气管、支气管切开，寻找虫体。用小刀刮气管黏膜，刮下物在解剖镜下检查，肺组织按肝脏处理方法。

3. 泌尿器官：切开肾，先对肾盂作肉眼检查，再刮取肾盂黏膜检查，最后将肾实质切成薄片，压于两玻片间，在放大镜或解剖镜下检查。剪开输尿管、膀胱和尿道检查其黏膜，并注意黏膜下有无包囊。收集尿液，用反复沉淀法处理。

4. 生殖器官：切开并刮下黏膜，压片检查，怀疑为马媾疫或牛胎儿毛滴虫时，应涂片染色后油浸镜检查。

5. 脑：先用肉眼检查有无多头蚴，再切成薄片，压片检查。

6. 眼：先眼观检查，再将眼结膜及球结膜在水中刮取表层，水洗沉淀后检查沉淀物，最后剖开眼球，将前房水收集于器皿中，在放大镜下检查是否有丝虫的幼虫、囊尾蚴、吸吮线虫寄生。

7. 心和主要血管：剖开将内容物洗于生理盐水中，用反复沉淀法检查（对血管内分体吸虫的收集见后文）。

8. 膈肌：特别是猪，应先肉眼检查，见有小白点状可疑物，应剪取置玻片间压薄，在显微镜下检查。

以上是一般动物剖检时通用的方法。对不同的动物，根据解剖构造的差异，方法上有所不同。

在进行以上剖检前，最好先取粪便进行虫卵检查，初步确定该畜体内寄生虫的寄生情况，对以后寻找虫体时可能有所帮助。但也应注意，不要因为粪检结果，而给工作者带来不全面的主观印象，忽视了未在粪便中发现虫卵的那些虫体的寻找。

以上剖检法的工作量极大，因此，在某些情况下为了不同的目的，可采取下列的剖检方法。

二、个别器官的寄生虫学剖检法

有时为了特殊的目的（如检查某一地区某一器官中寄生虫寄生的情况），仅对某一器官进行检查，而对其他器官则不进行检查。

三、个别虫种（即对某一种寄生虫）的采集法

为了一定的目的（如调查某一地区某种寄生虫的流行情况，或某一药品对某种寄生虫的驱虫效果），仅对某一器官中的某种寄生虫进行收集检查。

日本分体血吸虫的收集应采用专用的方法，兹介绍如下：

动物经宰杀停止挣扎后，为防止发生血液凝固，影响虫体收集，应有四个人分别从四条腿开始从速进行剥皮。随后，将牛头弯至牛体左侧，使牛仰卧成偏左倾斜姿势，剖开胸腔及腹腔，除去胸骨。首先，分开肺找出暗红色的后腔静脉进行结扎。接着，在胸腔紧靠脊柱的部位找到白色胸主动脉，术者

左手将其托起，右手用尖头剪刀剪向与血管平行的方向剪一开口，然后将带有橡皮管的玻璃接管以离心方向插入，并以棉线结扎固定。橡皮管的一端与压缩式喷雾器相接，以备进水。第三，在肾脏后方紧贴脊柱处，同时结扎并列的腹主动脉和后腔静脉，以免冲洗液流向后躯其他部分。第四，在胆囊附近，肝门淋巴结背面，细心地分离出门静脉，向肝的一端紧靠肝脏处先用棉线扎紧，离肝的一端取与血管平行的方向剪一开口（应尽可能靠近肝脏，以免接管进入门静脉的肠支，而影响胃支中虫体的收集），插入带有橡皮管的玻璃接管，并固定之。为防止凝血，接管内应事先装满 5%柠檬酸钠（枸橼酸钠）溶液，在插入接管时此溶液即倾入血管中。橡皮管的一端接有铜丝筛，以备出水收集虫体。手术结束后，即可启动喷雾器注入 0.9%加温至 37~40℃的食盐水进行冲洗，虫体即随血水落入铜丝筛中，直至水液变清，无虫体冲出为止。

第二节　蠕虫标本的采集和保存

一、吸虫的采集保存

1. 采集：在各脏器中或其冲洗物沉淀中，如发现吸虫时，应以弯头解剖针或毛笔将虫体挑出（注意：不应采用镊子夹取，否则镊子夹住的部位，会使虫体损坏变形，影响以后的观察）。挑出的虫体，体表常附有粪渣、黏膜等污物，应先放入 1%的盐水溶液中。较小的虫体，可和盐水放入小试管中，加塞塞紧，充分振荡将污物除去；较大的虫体可用毛笔刷洗。有些虫体的肠管内含有大量的食物，可在生理盐水中放置过夜，等其食物消化或排出。

2. 固定法：标本洗净后，较小的虫体，可先在薄荷脑溶液中使虫体松弛。薄荷脑溶液的配制是取薄荷脑（Menth01）24 g，溶于 100 mL 95%的酒精中，为薄荷脑饱和酒精溶液，使用时将 1 滴此液，加入 100 mL 水中即可。

在上液中松弛的虫体，即可投入下述固定液中固定。较大较厚的虫体标本，为了以后制作压片标本的方便，可将虫体先压入两载玻片间，为了不使虫体压得过薄可在玻片两端垫以适当厚度的纸片，然后由橡皮筋扎紧玻片两端。

固定吸虫时常用的固定液有如下各种：

（1）劳氏（Looss）固定液。适用于小型吸虫。取饱和升汞溶液（约含升汞7%）100 mL，加冰醋酸 2 mL，混合即成。固定虫体时，将虫体放于一小试管中，加入盐水，到达试管的 1/2 处，充分摇洗，再加入劳氏固定液摇匀，12 h后，将虫体取出移入加有 0.5%碘的 70%的酒精中，并更换溶液数次，直到碘酒精溶液不再褪色为止，再将虫体移到 70%酒精溶液中保存。若欲长期保存应在酒精中加 5%甘油。

（2）酒精–福尔马林–醋酸固定液（A.F.A 固定液）。本液以 95%酒精 50份、福尔马林（含甲醛 40%）10 份、醋酸 2 份、水 40 份混合而成。大型的已夹于玻片间的虫体，可浸入此固定液中过夜。小的虫体可先放于充满 2/3 生理盐水的小瓶内，用力摇振，待虫体疲倦而伸展时，再将盐水倾去 1/2，再加入本固定液，放置过夜。次日将虫体取出，保存于加有 5%甘油的 70%酒精中。

（3）福尔马林固定液。取福尔马林 1 份与水 9 份混合即得。将小型吸虫虫体或夹于玻片间的虫体投入固定液中，经 24 h 即固定完毕。较大的夹于两玻片间的吸虫，固定液渗入较难，可在固定数小时后，将两玻片分开，这时虫体将贴附于一玻片上，将附有虫体的玻片继续投入固定液中过夜。最后将虫体置 3%~5%的福尔马林溶液中保存。

经以上三种方法中任何一种固定的标本，在保存时均应贴上标签。标签应用较硬的纸片（如道林纸）用铅笔书写，内容应包括标本编号、采集地点、宿主及其产地、寄生部位、虫名、保存液种类和采集时间，将以上内容一式两份书写，一份与虫体一同放于瓶内，一份贴于瓶外。

在采集标本时，尚应有登记本，将标本采集时的有关情况，按标本编号，记于登记本上。对虫体所引起的宿主的病理变化也应做详细的记载。

3. 染色装片：吸虫标本的形态观察，常需制成染色装片标本或切片标本。切片标本的制作与组织切片相同。整体装片标本的制法有以下数种。

（1）苏木素法。常用的为德氏（Delafield）苏木素染液，其配法如下：先将苏木素 4 g 溶于 95%酒精 25 mL 中，再向其中加入 400 mL 的饱和铵明矾(Ammonium Alum)溶液(约含铵明矾 11%)。将此混合液暴晒于日光及空气中 3~7 d(或更长时间)，待其充分氧化成熟，再加入甘油 100 mL 和甲醇 100 mL保存，并待其颜色充分变暗，滤纸过滤，装于密闭的瓶中备用。染色时步骤如下：

a. 将保存于福尔马林溶液中的虫体，取出以流水冲洗。如虫体原保存于70%酒精中，则先后将虫体移经 50%和 30%酒精中各 1 h，再移入蒸馏水中。

b. 将德氏苏木素染液加蒸馏水 10~15 倍，使呈浓葡萄酒色。将以上虫体移入此稀释的染液内，染色过夜。

c. 取出染色后的虫体，在蒸馏水中除去多余的染液，再依次通过 30%、50%、70%酒精各 0.5~1.0 h。

d. 虫体移入酸酒精中褪色(酸酒精是在 80%酒精 100 mL 中加入盐酸 2 mL)，待虫体变成淡红色。

e. 再将虫体移回 80%酒精中，再循序通过 90%，95%和 100%酒精中各 0.5~1.0 h。

f. 将虫体由 100%的酒精中移入二甲苯或水杨酸甲酯(亦称冬绿油或冬青油)中，使虫体透明 0.5~1.0 h。

g. 将透明的虫体放于载玻片上，滴一滴加拿大树胶，加盖玻片封固，待干，即成。

(2)卡红染色法。以卡红为原料，常用的染色液有盐酸卡红和硼砂卡红等。

盐酸卡红的配制是以蒸馏水 15 mL 加盐酸 2 mL，煮沸，趁热加入卡红染粉 4 g，再加入 85%的酒精 95 mL，再滴加浓氨水以中和，等出现沉淀，放凉，过滤，滤液即为盐酸卡红染液。

硼砂卡红是以 4%硼砂($Na_2B_4O_7$)溶液 100 mL，加入卡红染粉 1 g，加热使其溶解，再加入 70%酒精 100 mL，过滤，滤液即为硼砂卡红染液。

染色方法如下：

a. 原保存于70%酒精内的标本，可直接取出投入染色液中染色。保存于福尔马林液内的虫体标本，应先取出水洗1~2 h，然后循序通过30%、50%、70%的酒精各0.5~1.0 h，再投入染液中，在染液中过夜使虫体染成深红色。

b.自染液中取出虫体，放入酸酒精中褪色（酸酒精是以70%酒精100 mL加浓盐酸2 mL），使颜色深浅分明，即虫体外层呈淡红色，内部构造呈深红色。

c. 虫体移入80%、95%和纯酒精中各0.5~1.0 h。

d. 移入二甲苯或水杨酸甲酯中透明。

e. 已透明的虫体，移置载玻片上，加一滴加拿大树胶，加盖玻片封固。

二、绦虫的采集保存

1. 采集：绦虫大部分寄生于肠管中，并以头节牢固地附着于肠壁上。采集标本时，为了保证虫体的完整，切勿用力猛拉，而应将附着有虫体的肠段剪下，连同虫体浸入水中，5~6 h后，虫体会自行脱落，体节也自行伸直。

2. 固定：将收集到的虫体，浸入劳氏固定液、70%酒精或5%福尔马林液中固定。准备做瓶装陈列的标本，以福尔马林溶液固定较好。如欲制成染色装片标本以观察其内部结构，则以劳氏固定液或酒精固定为好。

绦虫有时很长（可达数米），易于断裂而又易于相互缠结，故固定时应注意。不太长的虫体，可提住虫体后端，将虫体悬空伸长，然后将虫体下放，逐步地浸入固定液内。过长的虫体，可先绕于一玻璃瓶上，连瓶浸入固定液内。亦可在大烧杯中，先放入用固定液浸润的滤纸一张，提取虫体后端，使虫体由头节始，逐步放在滤纸上，加盖一层湿滤纸；再以同样操作，放上第二条虫体；如是操作，全部放好所有虫体，最后将固定液轻轻注满烧杯内，固定24 h后取出。

保存于瓶内的标本应登记并加标签，其注意事项同吸虫。

3. 绦虫制片法：绦虫虫体较长，因此，制片时要切断虫体，根据观察的需要，采取一定部位的节片，染色后做成装片标本。绦虫的头节是决定绦虫种类的重要依据之一，应选为装片标本的材料。此外，成熟节片和孕卵节片，亦常各切取3~5节，制成染色装片标本。其染色和装片方法与吸虫同，可参阅吸虫的有关资料。

三、线虫的采集保存

1. 采集：在剖检家畜时，按上节寻找虫体的方法，发现虫体后，以弯头解剖针或毛笔将虫体挑出，移入生理盐水中，洗净；寄生于肺部的线虫和丝虫目的线虫，在略为洗净后即应尽快地放于固定液中固定，否则虫体易于破裂。

线虫雌雄异体，雌虫一般较雄虫大，在虫体鉴定时，常需依雄虫的某些形态特征作为依据，因此，采集虫体时不可忽视较小虫体的采集。一些有较大口囊的线虫（如圆线虫、夏伯特线虫、钩口线虫等）和有发达交合伞的线虫，其口囊或交合伞中，常包含有大量杂质，妨碍以后的观察，应在固定前用毛笔洗去，或充分振荡以洗去，然后固定。

2. 固定：可采用酒精或福尔马林固定。用酒精固定时，系用70%酒精，加热到70℃左右（在火焰上加热时，酒精中有小气泡升起时即约为70℃），将洗净的虫体移入，虫体即在热固定液中伸直而固定，待酒精冷后，将虫体移入含5%甘油的80%酒精中，加标签保存。标签的书写内容与吸虫同。

福尔马林固定液是福尔马林3 mL加到生理盐水100 mL中。固定虫体时也应先将固定液加热到70℃，再投入虫体。固定后标本即保存于固定液内，也可以移入含5%甘油的80%酒精中，加标签保存。

（1）线虫的观察与制片。线虫经固定后，是不透明的，欲进行线虫形态的观察，必先进行透明或装片。为了能从不同的侧面对虫体形态进行观察，以不做固定装片为好，这样可以在载玻片上将虫体翻动，观察得更仔细。

（2）虫体的透明方法，常用的有以下各种。

a. 甘油透明法。将保存于含5%甘油的80%酒精中的虫体，连同保存液倾入蒸发皿中，置温箱中，并不断滴加少量甘油，直到酒精蒸发殆尽，此时留于残存甘油中的虫体即已透明,可供检查。

如欲在短时间内完成这一透明过程，可将蒸发皿放于一加有热水的烧杯上,以酒精灯加热,促使蒸发皿中的酒精在短时间内挥发,而达到虫体透明的目的。

此法透明后的标本,即可保存于甘油内。

b. 乳酚(Lactopheno1)法。乳酚系由甘油 2 份,乳酸 1 份,石炭酸 1 份和蒸馏水 1 份混合而成,是一种良好的透明液。虫体自保存液中取出后,应先移入乳酚液与水的等量混合液中,半小时后再移入乳酚液中,数分钟后,虫体即透明,可供检查。检查后虫体应自透明液中取出,移回原保存液中保存。

c. 石炭酸透明法。虫体自保存液中取出,放于纯石炭酸溶液中(石炭酸原为针状结晶,纯溶液指含水 10%的溶液),虫体很快即透明。若透明过度,可于检查时,在盖玻片边缘处(盖玻片下是浸在石炭酸中的虫体)滴加无水酒精一滴,此法透明快。透明液对人有腐蚀性,对虫体也有损害,故观察后应立即将虫体移回原保存液中,并在短期内更换保存液 3 次,以除去残留的石炭酸,否则虫体将变为棕褐色。

有时为了某种需要,亦可将线虫制成装片标本。制作时虫体不染色,直接循序通过 70%、80%、90%、100%的酒精各 0.5 h 脱水,最后在水杨酸甲酯或二甲苯中透明,透明后移载玻片上,滴加拿大树胶,拨正所需位置,加盖玻片封固。

如在虫体脱水前,按吸虫制片的方法,将虫体先以苏木素或卡红染色,然后制成装片标本,则效果更好。

四、蠕虫卵的采集保存

为了教学与研究的需要,常需将蠕虫虫卵保存,留待以后的检查。

1. 虫卵材料的采集

(1)自患畜粪便中收集虫卵。可参照蠕虫虫卵的各种集卵法。自家畜粪便中收集虫卵的缺点。在于多数家畜体内常有多种寄生虫同时寄生,不易获得单一种的虫卵。

(2)生理盐水收集虫卵。将解剖家畜时所采集的每种寄生虫挑入生理盐水中,此时虫体尚未死亡,常可在盐水中继续产出一部分虫卵,然后将虫体取出,将此盐水静置沉淀,待虫卵集中于底部后收集。

本法所得虫卵,因为未经肠道与粪便混合,所以是无色的,与粪便中所见虫卵,在颜色上有所不同,为此可将取得的虫卵混入粪便中,存放数天,使之染色。

2. 虫卵标本的保存

将虫卵保存于瓶内。将含有虫卵的沉淀倾入一小烧杯中,加入已加热到70~80℃的巴氏液,待冷后,保存于小口试剂瓶中,用时吸取沉淀,放于玻片上检查。巴氏液是用福尔马林 30 mL、氯化钠 7.5 g、水 1 000 mL 混合而成。在以上操作中,保存液的加热很为重要。否则有些虫卵在保存液中,仍然存活并继续发育或变形。虫卵保存福尔马林液中时间不宜太久,一般不超过 5 年,否则往往使卵壳损坏剥离影响虫卵鉴定。用下液固定,保存时间可得到延长。福尔马林 10 mL、95%酒精 30 mL、甘油 4 mL、蒸馏水 56 mL。

第三节　昆虫和蜱螨的采集和保存

一、采集

采集这些标本,首先应了解这些采集对象的发育规律和生活习性。如有些昆虫常以较长的时间寄生于畜体的皮肤和体表,而另一些昆虫仅短时间地附着于畜体上吸血,这样其采集方法自应有所不同。

采集昆虫和蜱螨标本时,还必须记住昆虫和蜱螨都是雌雄异体的,尤其在蜱,雌雄虫体的差异极大,雌虫较雄虫要大得多,如不注意,则采集的结果,将均为大形的雌虫,而遗漏了雄虫,但雄虫却正是鉴定虫体时的主要依据,缺少雄虫将给鉴定带来困难。

1. 畜禽体上昆虫和蜱、螨的采集

在畜禽体表，常有吸血虱、毛虱、虱蝇、蚤和蜱类寄生，在检查发现后用手或小镊子捏取，或将附有虫体的羽或毛剪下，置于培养皿中，再仔细收集。

寄生在畜体上的蜱类，常将假头深刺入皮肤，如不小心拔下，则可将其口器折断而留于皮肤中，致使标本既不完整，且留在皮下的假头还会引起局部炎症。拔取时应使虫体与皮肤垂直，慢慢地拔出假头，或以煤油、乙醚或氯仿，抹在蜱身上和被叮咬处，然后拔取。

畜体上的蚤类，大多活动性较强，捕捉困难。可以用撒有樟脑（camphor）的布将畜体包裹，数分钟后，取下布来，则蚤即落于布内。也可用杀虫药喷洒畜体，待其死亡后采集。

畜体上螨的收集，可参考前一节螨病诊断中的病料采取方法。

蝇蚴的寄生阶段，多在家畜体内。除牛皮蝇寄生于畜体背部皮下时可用手挤压而得到标本外，其他蝇蚴多需在家畜死后解剖时，在其寄生局部发现。

2. 周围环境中昆虫和蜱螨的采集

（1）双翅目吸血昆虫成虫的采集。在畜舍内，阴暗潮湿和空气不流通的场所，白天常有大量蚊类栖息，采集时可用一大口径试管扣捕。夜间可在畜体上用试管扣捕。吸血的蝇、虻、蚋可在畜舍内或动物体上用试管捕取，也可以用捕虫网在畜舍周围捕取。但捕虫网不应在家畜附近挥舞，以免造成家畜惊跑。

（2）畜舍地面和墙缝内昆虫和蜱螨的采集。在畜舍和运动场的疏松潮湿的土中，常可找到牛皮蝇、马胃蝇或羊狂蝇的成熟幼虫（应考虑其季节性）或蛹，可将其收集。如欲获得其成蝇，则应连同沙土收集于广口瓶中，罩以纱布，待其在瓶中羽化。

在牛舍的墙边或墙缝中，可找到璃眼蜱。在鸡的窝巢内栖架上，可找到软蜱和刺皮螨。

（3）牧地上蜱的收集。用白绒布一块，长 45~100 cm，宽 25~100 cm，一边穿入木棍，在木棍两端系上长绳，以便拖曳。将此白绒布在草地上或灌木间拖动，草地或灌木上的蜱即附着在白绒布面上，检查并收集于小瓶内。

二、保存

收集到的虫体，根据其种类的不同或今后工作的需要，采用下列方法之一保存。

1. 浸渍保存。适用于无翅昆虫等（如虱、虱蝇、蚤和蜱，以及各种昆虫的幼虫和蛹）。如采集的标本饱食有大量血液，则在采集后应先存放一定时间，待体内吸食的血液消化吸收后再固定。

固定液可用70%酒精或5%~10%的福尔马林。但用专门的昆虫固定液效果更好，其配法是在120 mL的75%酒精中，溶解苦味酸12 g，待溶后再加入氯仿20 mL和冰醋酸10 mL。当虫体较大时，浸入75%酒精中的虫体于24 h后，应将原浸渍的酒精倒去，重换70%酒精。在昆虫固定液中固定的虫体，经过一夜后，也应将虫体取出，换入75%酒精中保存。在保存标本用的70%酒精中，最好加入5 %甘油。浸渍标本加标签后，保存于标本瓶或标本管内，每瓶中的标本约占瓶容量的1/3，不宜过多；保存液则应占瓶容量的2/3，加塞密封。

2. 干燥保存。本法主要是保存有翅昆虫，如蚊、虻、蝇等的成虫，又分为针插保存和瓶装保存两种。

采集到的有翅昆虫，应先放入毒瓶中杀死。毒瓶的制备如下：氯仿毒瓶是取一大标本管（长10 cm，直径3 cm），在管底放入碎橡皮块，约占管高的1/5；注入氯仿，将橡皮块淹没，用软木塞塞紧（不可用橡皮塞）过夜。此时氯仿即被橡皮块吸收，然后剪取一与管口内径相一致的圆形厚纸片，其上用针刺穿若干小孔，盖于橡皮块上即可。氯仿用完后，应将圆纸片取出，再度注入氯仿，处理方法同前。使用时，将活的昆虫移入瓶内，每次每瓶放入的昆虫不宜过多。昆虫入毒瓶后，很快即昏迷而失去运动能力，但到完全死亡，则需待5 h之后。死后，将昆虫取出保存。

（1）针插保存。本法保存的昆虫，能使体表的毛、刚毛、小刺、鳞片等均完整无缺。并保有原有的色泽，是较理想的方法。其具体步骤如下：

a. 插制。对大型昆虫，如虻蝇等，可将虫体放于手指间，以 2 号或 3 号昆虫针，自虫体的背面中胸的偏右侧垂直插进。针由虫体腹面穿出，并使虫体停留于昆虫针上部的 2/3 处，注意保存虫体中胸左侧的完整，以便鉴定。对小型昆虫如蚊、蚋、蠓等，应采用二重插制法。即先将 0 号昆虫针（又称二重针）先插入一硬纸片或软木条（硬纸片长 15 mm，宽 5 mm）的一端，并使纸片停留于 00 号昆虫针的后端，再将此针向昆虫胸部腹面第二对足的中间插入，但不要穿透。再以一根 3 号昆虫针在硬纸片的另一端，针头与 00 号昆虫针相反而平行的方向插入，即成。在缺少 00 号昆虫针时，可用硬纸片胶粘法，即取长 8 mm 和底边宽 4 mm 的等腰三角形硬纸片，在三角形的顶角蘸取加拿大树胶少许，粘着在昆虫胸部的侧面，再将此硬纸片的另端，以 3 号昆虫针插入。插制昆虫标本，应在新采集到时进行，如虫体已干，则插制前应使虫体回软，以免断裂。

b. 标签。标签用硬质纸片制成，长 15 mm，宽 5 mm，以黑色墨水写上虫名、采集地点、采集日期等，并将其插于昆虫针上，虫体的下方。

c. 整理与烘干。将插好的标本，以解剖针或小镊子将虫体的足和翅等的位置加以整理，使保持生活状态时的姿势，再插于软木板上，放入 20~35℃温箱中待干。

d. 保存。将烘干的标本，整齐地插入标本盒中，标本盒应有较密闭的盖子，盒内应放入樟脑球（可用大头针烧热，插入球内，再将其插在标本盒的四角上），盒口应涂以油膏，以防虫蛀。标本盒应放于干燥避光的地方。在霉雨季节，尤应减少开启次数，以防潮湿发霉。

（2）瓶装保存。大量同种的昆虫，不需个别保存时，可将经毒瓶毒死的昆虫放在大盘内，在纱橱中或干燥箱内干燥，待全部干燥后，放于广口试剂瓶中保存。在广口试剂瓶底部先放一层樟脑粉，上加一层棉花压紧，在棉花上再铺一层滤纸，将已干的虫体逐个放入。每放入少量后，可放一些软纸片或纸条，以使虫体互相隔开，避免挤压过紧。最后在瓶塞上涂以木馏油或二二三软膏。塞紧。在瓶内和瓶外应分别贴上标签。

第七章　动物样品的处理与运送

第一节　样品的处理

一、病毒检验样品的处理

1. 器官组织病料。将保存于50%甘油缓冲盐水溶液中的器官组织病料用无菌生理盐水洗2~3次后，细细剪碎后放入乳钵中充分研磨。研磨过程中，逐渐加入pH 7.2~7.4的Hank's液（含500 IU/mL的青霉素、链霉素），最后制成10%~20%的组织悬液。置于-20℃环境迅速冷冻，然后于37℃水浴锅中立即融化，冻融过程可以反复几次，使细胞内的病毒充分释放。以2 000 r/min离心10~20 min后，吸取上清液，用于接种。

2. 鼻咽拭子或直肠拭子。将棉拭子迅速置于含有2~5 mL中性Hank's平衡盐溶液（含500 IU/mL的青霉素、链霉素）的小瓶中，充分挤压，刷洗棉拭子。必要时可反复冻融3~5次，收集其液体部分，以2 000 r/min离心10~20 min，吸取上清液，用于接种。

3. 血液样品。用作病毒分离的血液样品，可以是全血也可以是血清，要根据病毒的感染类型而定。采集全血时可加入肝素或枸橼酸钠作为抗凝剂。

4. 分泌物或渗出物。将采集的分泌物或渗出物用pH 7.2~7.4的Hank's液作3.5倍稀释。这类样品常含有大量细菌，需做除菌处理，可加入青霉素、链霉素各1 000~2 000 IU/mL，4℃ 4 h或过夜，2 000 r/min离心20 min，吸取上清液，用于接种。病料悬液也可经离心去沉渣后，用细菌滤器过滤除菌，滤过液用于接种。

5. 粪便。病毒在粪便中的含量较少,所以一般取 5~10 g 以上的新鲜粪便,或直接从肠管内取样。用 pH 7.2~7.4 的 Hank's 液将粪便稀释 10~20 倍,Hank's 液应含有 1 000~2 000 IU/mL 的青霉素、链霉素和 2.5 μg/mL 的两性霉素 B 或 40 μg/mL 的制霉菌素,4℃过夜,2 000 r/min 离心 20 min,取上清液用于接种。

6. 无菌的体液、胸水、脑脊髓液、心包液和无菌导尿液等。可不做任何处理,直接用于接种。

二、细菌检验样品的处理

1. 用于细菌分离培养病料的处理。严格无菌采取的待检病料,可不经处理直接接种于培养基中,进行分离。对于污染较严重的病料,在接种培养基前,必须根据污染杂菌的程度及性质进行适当处理,然后进行分离培养。

2. 加热处理法。当怀疑病料中的病原微生物为芽孢菌时,可将待检组织加灭菌生理盐水研磨(液体待检病料则不必)作成 1:5~1:10 倍的稀释液,置 75℃水浴箱中,加热 30 min,或 80℃经 15~20 min,以杀死微生物和繁殖体(包括杂菌及病原菌),而细菌芽孢仍存活,然后将处理过的待检病料接种到适当的培养基上,即可获得纯培养。

3. 接种易感动物。 把待检病料接种易感动物,待其发病死亡后,取其血液或组织器官材料,接种到培养基上。利用这种方法不但可以从污染的病料中分离出病原菌,而且还可以确定病原菌的致病性和毒力。

4. 化学药品处理。有些化学药品对某些微生物有极强的抑制力,而对另一些微生物则没有抑制作用或作用很小。因此,可将适宜的化学药品加入培养基中分离微生物。如培养基中加入一定量的龙胆紫(甲紫)则可抑制许多革兰氏阳性菌的繁殖, 有利于阴性菌的分离培养。用 50%的酒精或 0.1%升汞水溶液处理真菌性病料几分钟,再用灭菌水洗涤,就可杀死部分污染的杂菌。

三、用于动物试验样品的处理

1. 胸水、脑脊髓液、血液、心包液、尿液和分泌物等。可不做任何处理，直接接种动物。

2. 脏器等组织。取被检病料放入无菌研钵中，用灭菌的剪子将组织剪成碎粒。加入灭菌海砂少许再进行磨细，再加入生理盐水少许继续研磨，静置片刻，使悬浮组织下沉，然后用注射器吸取上清液供注射用。如供静脉注射用，常用低速（1 700 r/min）离心 15 min，再吸取上清液作注射用。

3. 细菌培养物。液体培养物可直接用于注射。固体培养物先用生理盐水或肉汤培养基洗刮菌苔，然后到入小烧杯中吸取。注意悬液制成后存放时间不能过长。

第二节　样品的记录包装与运送

一、样品的记录

送往实验室的样品应有一式两份的送检单，一份随样品送实验室，另一份留送检方备案。样品记录至少应包括以下内容：

1. 畜主的姓名和畜禽场的地址；

2. 畜禽场（户）里饲养的动物品种及其数量；

3. 被感染的动物种类；

4. 首发病例和继发病例的日期及造成的损失；

5. 感染动物在畜群中的分布情况；

6. 死亡动物数、出现临床症状的动物数量及其年龄；

7. 临床症状及其持续时间，包括产奶或产蛋的记录，死亡情况和时间，基本病理变化，免疫和用药情况等；

8. 饲养类型和标准，包括饲料种类；

9. 送检样品清单和说明，包括病料的种类、保存方法等；

10. 动物治疗史；

11. 要求做何种检测；

12. 送检者的姓名、地址、邮编和电话；

13. 送检日期等；

14. 采样人和被采样单位签章。

二、样品的包装

1. 每个组织样品应仔细分别包装，在样品袋或平皿外贴上标签，标签注明样品、样品编号、采样日期等。再将各个样品放到塑料包装袋中。

2. 血清、拭子样品装于塑料离心管中，应分别放入特定塑料盒内。

3. 包装袋外、塑料盒及铝盒应贴封条，封条上应有采样人签章，并注明贴封日期，标注放置方向。

三、样品的运送和保存

1. 所采集的样品要以最快最直接的途径送往实验室。

2. 如果样品能在采集后 24 h 内送抵实验室，则可放在 4℃左右的容器中运送。

3. 只有在 24 h 不能将样品送往实验室并不至影响检验结果的情况下，方可将样品冷冻，并维持低温状态运送。

4. 根据试验需要决定送往实验室的样品是否放在保存液中运送。

5. 要避免样品泄漏。装在试管或广口瓶中的病料密封后装在保温箱内加冰袋运送，要包装或用封口膜防止试管和容器内容物泄漏。如需寄送，装箱时要垫上足够的缓冲材料。

6. 制成的涂片、触片、玻片上做好标记，火焰固定，并另附说明。玻片最好放在玻片盒内，在保证不被压碎的条件下运送。所有样品都要标注详细标签。

7. 各种样品到达实验室后，应按有关规定冷冻保存。长期保存的样品应超低温冷冻（以–70℃或以下为宜）保存，尽量避免反复冻融。

第八章　样品的保存条件与时限

样品正确的保存方法，是样品保持新鲜状态的根本保证，是保证监测结果准确无误的重要条件。

第一节　样品保存的基本要求

1. 采集的样品在运送到实验室之前，应当有符合样品保存要求的温湿度条件，以维护样品的良好状态与完整性。

2. 保存样品的冰箱或冷藏柜应保证 24 h 通电。防火、防盗等措施齐全，样品库专人管理，要对样品室、冰箱等环境条件和设施进行维护、监控和记录。

3. 保存样品应尽量做到分类、分区保存，以防止交叉污染。摆放合理整齐，标识清楚。

4. 样品如能在 48 h 内送达实验室进行接种或处理的可置于 4℃保存，否则，应置-20℃或以下保存。但长时间在-20℃ 冻存对病毒分离有不利影响。

5. 供细菌学检查的样品采集后应尽快冷藏运送，尽量不要冻结。

6. 用于病毒分离的样品应放在冰块中立即送到实验室。如果在 48 h 内能将样品送到实验室，则样品可以放在 0~4℃保存；否则，应放在-70℃下保存，直至送到实验室。

7. 如果血清样品在一周内能检测，则保存在 4℃环境中，否则保存在-20℃冰箱中，在样品保存过程中，应避免反复冷冻和融化。

第二节　检验样品的保存

一、血清学检验样品的保存

一般情况下，病料采取后应尽快送检。如远距离送检，可在血清中加入青霉素、链霉素防止腐败。除了做细胞培养和试验用的血清外，其他血清还可加 0.5%石炭酸生理盐水、0.08%叠氮钠或 0.1%硫柳汞溶液等防腐剂。另外，还应避免使样品接触高温和阳光，同时严防容器破损。

需要长时间保存的血清必须储存于-20~-70℃低温冰箱中。4℃冰箱中保存时间切勿超过 1 个月。

由于血清结冰时体积会增加约 10%，因此，血清在冻入低温冰箱前，容器必须预留一定体积空间，否则易发生污染或玻璃瓶冻裂。

二、微生物学检验样品的保存

1. 液体病料。如黏液、渗出物、胆汁、血液等，最好收集在灭菌的小试管或青霉素瓶中，密封后用纸或棉花包裹，装入较大的容器中，再装瓶（或盒）送检。

用棉拭子蘸取的鼻液、浓汁、粪便等病料，应将每只棉拭子剪断投入灭菌试管内，立即密封管口，包装送检。

2. 实质脏器。在短时间（夏季不超过 2 h，冬季不超过 20 h）能送到实验室的，可将病料的容器放在装有冰块的冷藏箱内送检；短时间不能送到的，供细菌检查的，放于灭菌液状石蜡或灭菌的 30%甘油磷酸盐缓冲液中保存；供病毒检查的，放于灭菌的 50%甘油磷酸盐缓冲液中保存。

三、病理组织学检验样品的保存

采取的病料通常使用 10%福尔马林溶液固定保存。固定液用量要以浸没固定材料为宜。如用福尔马林固定组织时，24 h 后应重新换液一次。

神经系统组织(脑、脊髓)需固定于10%中性福尔马林溶液中。

在寒冷季节,为了避免病料冻结,在运送前,可将预先用福尔马林固定过的病料置于含有30%~50%甘油的10%福尔马林溶液中。

四、毒物中毒检验样品的保存

检样采样后,内脏、肌肉、血液可合装于同一个清洁容器内,胃内容物与呕吐物合装于同一个容器内,粪、尿、水等应分别装瓶,瓶上要贴有标签,注明病料名称及保存方法等。然后严密包装,在短时间内应尽快送实验室或派专人送指定单位检验。

第三节 样品送检时间要求

1. 所有样品都要求尽量以最快最直接的途径送往实验室,最好在2 h内。

2. 供细菌学检验、寄生虫学检验及血清学检验的样品,应在冷藏条件下,必须24 h内送到实验室。

3. 病毒学检验样品更需要以最快速度送检,须在数小时内送达实验室。经冻结的样品须在24 h内送到;24 h不能送到实验室的,需要在运送过程中保持样品温度处于-20℃以下。

4. 厌氧菌培养样品、对环境敏感的细菌和对低温敏感的细菌(如嗜血杆菌)等样品,绝不能冷藏。应在采集后的15~30 min送检。

第九章　样品的包装与运送

第一节　样品的包装

一、内包装

1. 内储样品的主容器必须是不透水、防泄漏的，并保证能完全密封。

2. 辅助包装应当结实、不透水、防泄漏。

3. 在主容器和辅助包装之间填充吸附材料。吸附材料必须充足，能够吸尽所有的内装物。多个主容器装入一个辅助包装时，必须将他们分别包装。

4. 主容器的表面贴上标签。要求每场/每组样品（同一编号的抽样单）必须标明样品名称、数量、编号、采集日期等信息。

5. 相关文件，例如抽样单等应当放入一个防水袋中，并附在辅助包装的外面。

二、外包装

1. 外包装的强度应当充分满足对于其容器、重量及预期使用方式的要求。

2. 外包装应当印上生物危险标识并标注“非专业人员严禁拆开！”的警告语。

三、包装要求

1. 液体或者固体样品。在辅助包装周围必须放置冰、干冰或者其他冷冻剂，或者按照规定将冷冻剂放在由一个或者多个完整包装件组成的合成包装件中，内部要有支撑物，冰或者干冰消耗掉以后，仍可以把辅助包装固定在原位置上。如果使用冰，包装必须不透水；如果使用干冰，外包装必须能排出二氧化碳气体；如果使用冷冻剂，主容器和辅助包装必须保持良好的性能，在冷冻剂消耗完以后，仍能承受运输中的温度和压力。

2. 需要送出的样品，要求严密包装。样品采集后加无菌外包装，置于专用密闭盒（金属或硬塑料材质）内，用具有吸水性和柔软的物质填充固定，置于保温箱内。包装外表加以消毒、编号、登记后，贴上“生物危险”标识，并严防标识遗漏和遗失。

3. 如需寄送，则用带螺口的瓶子装样品，并用胶带或石蜡封口。将装样品的并有识别标志的瓶子放到更大的具有坚实外壳的容器内，并垫上足够的缓冲材料。

4. 样品制成的涂片、触片、玻片上应注明号码，并另附说明。玻片两端用细木条分隔开，层层叠加，底层和最上一片，涂面向内，用细线包扎，再用纸包好，在保证不被压碎的条件下运送。

第二节　样品的运送

1. 样品的运送应采取不污染工作人员和环境的方式。

2. 有关单位在携带、运送、邮寄送检样品的过程中，应当按照《高致病性动物病原微生物菌（毒）种或者样品运输包装规范》（农业部公告第 503 号）等国家有关规定进行包装并运送，以确保其安全性，严防发生被盗、被抢、丢失、遗漏事件。

3. 送检样品过程中，所有样品必须置于密闭容器，并贴有详细标签，以最快捷的方式送检。如果在 24 h 内无法送达，则应用干冰制冷送检。为防止样品容器破损，样品装入冷藏瓶（箱）后应妥善包装，防止碰撞，保持尽可能的平稳运输。

4. 供血清学检验的血清装入灭菌小瓶内，冷藏保存送检。

5. 实质器官组织病料在短时间内运送，可先把病料冷藏送检。短时间内不能送到的病料，应浸泡在甘油磷酸盐缓冲液中。

6. 制成的涂片、触片、玻片上注明编号，并另附说明。玻片固定后用硫酸纸隔离包装后用绳固定，再用纸包好，或放在玻片盒内在保证不被压碎的条件下运送。

7. 所有样品都要贴上详细标签。各种样品送实验室之前，应按有关规定冷藏或冷冻保存。必须长期保存的样品应置超低温冷冻（-70℃或以下）保存，避免反复冻融。

第十章　样品的接收和登记程序

样品的背景资料是检验人员开展检测项目、目的、方法的重要依据，也是分析样品检测结果的重要参考资料。送检样品的背景资料越详细越好，如果不了解畜禽的品种、日龄、饲养管理和免疫情况等资料，往往会出现检验项目选择错误，直接影响对检测结果的正确判断。

第一节　重大动物疫病诊断性检验样品的接收程序

一、突发重大动物疫情的诊断性样品的接收程序

1. 对于突发重大动物疫情的诊断性检验样品，可由实验室检测人员直接接收后立即开展检验工作。检测人员对这类样品的接收必须有上级主管部门，疫控中心领导和实验室主任的授权和许可。

2. 检测人员在接收突发重大动物疫情的诊断性检验样品时，应仔细核对采样单以及样品状态和数量等是否符合其要求的检测项目。

3. 检测人员在接收突发重大动物疫情的诊断性检验样品后，应尽快将有关采样单和样品信息送交实验室业务收样员，由业务收样员负责录入疫病检验管理信息系统。

4. 各检测室负责人设专用冰箱保存区来储存检验样品。

二、一般样品的接收程序

1. 一般情况下，所有检验样品均应送交实验室综合业务室，由业务接待

员负责接收。

2. 业务接待员在接收客户送检样品时，应首先与客户进行沟通，并向客户说明“检验收费”和申明“检验结果只对来样负责” 等情况，得到客户同意后办理接样手续。

3. 若客户的检测要求不明确，或检测人员认为样品不符合有关规定要求，或有异常情况时，要对客户说明，取得客户的认可后再接样，并将有关内容进行记录。

4. 仔细查验采样单，核对填写的信息。如客户尚未填写采样单，可由客户或业务接待员与客户共同填写采样单。

5. 打开样品包装前，应检查每个容器的外观，察看是否有污染以及容器是否有破损等，认真核查标签、样品量和样品数量等是否与采样单的内容相符，并记录处置方法。接收样品必须由实验室业务接待员和客户二人共同进行。

6. 业务接待员接收样品时，必须要对样品进行核查，对照采样单检查样品及封条的符合性、完整性、有效性以及样品运输过程有无损坏、变质、样品数量是否符合检测项目要求等。

7. 样品应尽量在生物安全柜内打开，并使用含 0.5%有效氯酸钠消毒剂或其他消毒剂对外包装进行消毒处理，并随时处理可能泄露的样品。

8. 对符合要求的样品，办理接样手续，同时记录检查结果。业务接待员如对样品适用性有疑问时，应立即与技术负责人或相关检测室人员沟通，征求技术负责人或相关检测室人员的意见。

9. 对客户送达的检验样品不能达到其检验目的和要求，或实验室没有能力满足客户的需求时，业务接待员对客户应做出耐心细致的解释和说明。

10. 客户送达的检验样品，如符合所述的拒收条件，业务接待员应按照《样品的拒收》进行拒收处理。

第二节　样品的登记和标识

一、样品登记

业务接待员将接收的各类样品信息,按照采样单的内容,立即录入到动物疫病检验管理系统中,并登记检验样品登记单。

二、样品的唯一标识

业务接待员在完成接收送检样品和信息录入后,应在收检样品上标明实验室的唯一性样品编号。该编号由动物疫病检验管理系统自动生成。例如 TJ2009-0001 号检验样品登记单,如果有 10 份样品,则样品的编号依次为 TJ2009-0001S1~TJ2009-0001S10。该组样品的外包装上,应标明检验样品登记单编号 TJ2009-0001,样品数量为 10 份,动物种类,样品类型等基本信息。

第三节　样品的拒收

规范样品拒收的原则和程序,适用于各抽样单位(客户)以及中心实验室对不合格样品的拒收和处理。

一、样品的拒收

1. 业务接待员应对收到的样品进行验收,对任何异常均应记录,样品与提供的描述不符合时或对样品的适用性有疑问时,都应与采样人员联系,妥善解决问题。

2. 符合下列情况之一的,应对样品进行拒收。

(1)样品量过多或过少;

(2)样品经肉眼观察已不适合检验或变质;

(3)样品未在规定时限内送达;

(4)溶血样品;

(5)未标记采集时间的样品;

(6)缺乏唯一识别码的样品;

(7)不符合各专业特别要求的样品;

(8)抽样单填写不规范,信息不完整、不明确。

二、样品拒收程序

1. 业务接待员将拒收样品登记入样品检验登记台账，记录内容至少包括:拒绝收样的原因,拒收样品的状态、数量和唯一标识,送样人姓名,送样时间,不合格原因,识别者签名及时间。

2. 业务接待员应立即通知样品采集部门，共同商榷样品的处置方法。如样品采集特别困难,客户与样品采集部门或个人均书面同意使用本样品进行检测,相关检测室也同意进行检测,业务接待员应在结果报告单中加以说明。

第十一章　抽样单的填写

第一节　抽样单填写的基本要求

1. 抽样人员应按国家有关标准进行采样，并填写抽样单，一式三份，一份留被抽查单位，一份由抽样单位留存备查，一份随抽取的样品送交中心实验室。

2. 抽样单必须用A4纸打印或用钢笔认真填写，字迹要工整、清晰。

3. 抽样单内所用项目均为必填项。不具备项的栏内用"/"号划去，不允许随意更改和誊写，要保持其原始性。

4. 写错需要更改时，用两条平等线将原始数据化掉或用"/"划去，将正确的数据写在右上方。一份完整的抽样单，涂改不能超过3处。

5. 废除数据应保持能看清原字迹，不得就字涂改，也不准用涂抹办法废除数据。

6. 凡仲裁检验的抽样单必须有抽样单位的盖章和抽样人的亲笔签字；监督检验的抽样单必须有区县疫控中心或相关单位的盖章。

第二节　抽样单的填写说明

一、编号

抽样单位或抽样人对抽样单的唯一性编号。其原则是：即送检个人或单位在该送检日期只有一个编号对应一张抽样单和检验项目、检验目的完全相同的一组样品。

二、受检单位

受检单位为企业(有营业执照)或规模养殖场,应填写企业或养殖场全程,不得简写。

受检单位属于个人散养的养殖户,应按照区县、乡镇、自然村、户名的顺序,填写至养殖户户主姓名。

三、联系人

联系人应填写受检单位相关人员,如兽医、主要负责人或户主个人的姓名。

四、通讯地址和邮政编码

通讯地址和邮政编码应填写受检单位或个人的详细通讯地址和所在地的邮政编码,确保能通过该地址联系到受检单位及相关人员。

五、联系电话

联系电话应填写受检单位联系人或受检户的个人电话。如没有,应填写抽样人或抽样单位的联系电话。

六、样品名称

样品名称应填写采集原始样品的解剖部位组织名称或采集部位。

动物及动物尸体应具体填写流产活胎儿、流产死胎、活动物、动物尸体。血液样品具体填写血浆、全血、血清。

组织样品应具体填写神经内分泌系统的样品（包括脑、脊髓、脑脊髓液)、免疫系统的样品(包括脾脏、淋巴结、骨髓、胸腺、扁桃体、法氏囊)、呼吸系统的样品(包括脾脏、气管及支气管、喉、鼻及鼻腔)、泌尿生殖系统的样品

（包括肾脏、膀胱、输尿管、尿道、睾丸、阴茎、阴道、子宫、输卵管、卵巢等）、消化系统的样品（包括肠道及其内容物，胃及其内容物，肝脏，食道等）、血液循环系统的样品（包括血管、心包液、心包膜、心脏等）、被皮及运动系统的样品（包括关节囊液、肌肉、关节、骨、蹄爪、毛发、水疱液、水泡皮、皮肤及皮肤碎屑等）。

其他样品（包括呼吸道棉拭子样品、泄殖腔或肛门棉拭子样品、生殖道棉拭子样品、粪便、胆汁、脓液、精液、乳汁、尿液、O-P液样品、羽髓浸出液、羽髓等）。

环境样品（包括空气、水、饲料等）。

动物产品（包括禽肉、牛肉、猪肉、羊肉、动物副产品等）。

如为多种组织的混合样品，也应注明具体的组织名称。

七、样品数量

样品数量应按照该编号抽样单上样品的总和填写。

八、检验类别

检验类别分为委托检验、监督检验、仲裁检验和其他检验四个类别。

委托检验指客户自行委托的检验，包括：自行采集样品送检，客户送来的病死动物由本中心实验室相关人员进行的采样检验等。

监督检验指上级有关部门下达的检验任务。

仲裁检验指检察院、人民法院、工商行政管理以及技术监督管理等部门为解决动物或动物产品质量争议而委托或指定兽医实验室进行的动物或动物产品质量检验。动物饲养、屠宰加工、经销及用户等单位委托兽医实验室进行的检验，凡有可能用于上述目的的委托检验亦应属于仲裁检验。

九、保存条件

保存条件指样品从采集后，到送达实验室之前，所采取的保存方式和条件。一般为冷藏、冷冻或常温等。

十、包装与标识

包装与标识应填写样品在运送时其包装状态（例如：冷藏包、保温箱等），以及送检单位或个人在外包装上所做出的区别于其他物品的标识符号或编号。

十一、抽样方式

在所采用的抽样方式前的□内划上√。只能选其中一个。

按统计学方法对抽样方式主要分为简单随机抽样、系统抽样、分层抽样和整群抽样等四类。

简单随机抽样是按照一定顺序，机械地每隔一定数量的单位抽取一个单位进入样品。每次抽样的起点必须是随机的，这样系统抽样才是一种系统随机抽样的方法。

分层抽样是从分布不均匀的动物群中抽取有代表性样品的方法。先按照某些特征或某些标志（如年龄、性别等）将动物群体分为若干组（统计学上称为层），然后从每层随机抽取若干份样品。

整群抽样的抽样单位不是个体而是群体，如数、饲养场、户、栋舍等。然后用以上几种方法从相同类型的群体中随机抽样。抽到的样品包括若干个群体，对群体内所有个体均给以调查。群内个体数可以相等，也可以不等。

在实践中，有时采取选择性抽样的方法。选择性抽样是指选择具有某种特征性的动物群体或个体进行抽样。诊断性检验样品的抽样方式一般选用选择性抽样。如某猪群中，有5头猪出现腹泻，抽样人为确定是否为某种疾病，因此只对这5头猪进行抽样。这种抽样方式不是统计学意义上的抽样方式，是具有特定目的的一种有针对性地选择抽样。

十二、检验疫病

检验疫病应按照《动物防疫　基本术语》(GB/T18635—2002)《一、二、三类动物疫病病种名录》(农业部第1125号公告,2008)以及国家或行业有关标准的规范化名称填写。不得使用简写,不得使用英文缩写代替。

十三、检验目的

抽样人应根据客户需求和具体检验的目的、意义以及检验方法,在细菌分离鉴定、病毒分离鉴定、血清抗体检测、核酸检测、寄生虫检验、其他,在□中至少选定一项,并在□内打上√。

十四、检验依据/检验方法

按照实验室检验项目一览表中的检验依据的标准名称、代码以及可采用的检验方法填写,应填写标准名称和/或代号,也可只填写标准代号。检验方法应填写完整,不得省略。

十五、时间要求

重大动物疫病的诊断性检验和客户有特殊要求的,采用“加急”方式,其他一般采用“普通”方式。

十六、动物种类

动物种类指抽检样品来源的动物种类。应尽量填写至具体名称,如猪应填写生猪或种猪等;牛应填写种牛、奶牛或肉牛等;羊填写种羊、绵羊、山羊;鸡填写肉鸡、种鸡 、蛋种鸡、肉种鸡、肉杂鸡等;水禽填写肉鸭、种鸭、蛋鸭、鹅;其他禽类填写鹌鹑、野禽、鸽子等;马属动物填写马、驴、骡等;其他动物,也应填写具体,如兔、猫、犬等。

十七、动物日龄

动物日龄指抽检样品来源的动物的日龄。大动物可用年龄代替，但应在年龄的数字后加上“年”或“yr”，以示区别。

十八、动物品种

动物品种应尽量了解清楚，采样动物的具体品种，按规范化的动物品种名称填写。

十九、全群数量

填写该抽样单表明的抽检样品所能代表的动物总数量。如该养殖户养殖某种动物的总数量，或某养殖场所抽样的某一栋饲养动物的总数量；如未对全场的每一栋都进行抽样，就不能填写该场的全部动物总数量。

二十、免疫情况

用于动物疫病诊断的检验样品抽样单，应填写该批动物全部的免疫情况，包括免疫时间（日期和动物日龄）、接种途径、疫苗种类和疫苗生产商等。

二十一、发病情况

用于动物疫病诊断的检验样品抽样单，必须填写送检样品所代表动物群的临床症状（表现和发病过程），发病数量，死亡数量（如有）以及使用药物进行治疗的过程，药品名称、剂量等。

抽自健康动物的检验样品抽样单，应填写“无”。

二十二、委托单位

客户自行抽样送检的检验样品抽样单可不填写。

监督检验应填写区县动物疫病预防控制机构的名称。

仲裁检验应填写委托进行仲裁的单位名称。

二十三、抽样单位(个人)签(章)

所有抽样单均必须有有关抽样人的签字或/和抽样单位的盖章(如有),并注明抽样的日期。客户自行送检的病死动物,可由实验室人员进行剖检和抽样,但必须交送检客户签字认可。

二十四、送样人

应由将抽检样品和抽样单送达实验室的人员并亲自签字。

二十五、送样日期

应填写样品和抽样单送达实验室的日期。

二十六、收样人

收样人由实验室业务接待员或其他样品具体接收人员担任,在核对相关信息和样品验收合格后,签字认可。

二十七、实验室统一编号

由实验室业务接待员在将有关信息录入到动物疫病检验管理系统后,按照系统自动生产的编号进行填写。该编号应有唯一性,并与系统中的和打印的检验样品登记单以及所接收保存的样品实物的编号相一致。

第十二章　样品采集的生物安全

样品采集中的生物安全关系到兽医工作人员的身体健康、环境的保护和疫病的控制。其主要意义是:一是减少或消除兽医工作人员样品采集过程中受到感染的可能性。在采样接触的动物或样品有可能带有人畜共患病病原,如牛羊布鲁氏菌、狂犬病病毒等,对工作人员的健康构成威胁。如果没有个人防护知识、必要的防护措施和良好的操作技术规范,很可能造成人员的感染。二是采样过程中的废弃物的无害化处理,对于保护环境安全,防止疫病扩散具有重要意义。

第一节　样品采集安全隐患与预防措施

规范样品采集人员的素质要求,样品采集的操作程序,以加强生物安全管理,确保样品采集、运送和接收相关人员的人身安全及周围环境不受其污染。

一、样品采集人员的素质要求

1. 样品采集人员应当具有动物传染病预防的基本知识,熟练掌握动物保定、剖检和样品采集的技术。

2. 样品采集人员应经过相关培训与考核合格后,方能进行样品采集工作。

3. 样品采集人员应熟悉样品采集工作程序。

4. 样品采集人员应熟悉并掌握样品采集、包装与运输过程中相关的生物安全知识及生物安全防护技能。

二、样品采集过程中的生物安全防护要求

1. 样品采集人员在思想上要把未知的样品都视为具有感染性的材料，并采取必要的防护措施。

2. 采样人员要遵守受检单位的管理规章制度，采取严格的消毒措施。

3. 无论从活体还是从死亡动物尸体上采取病料，都要牢记人畜共患病的危害性，以免感染人。

4. 采样人员要根据采集样品的可能危险度，进行个人防护，特别是采集疑似高致病性病原微生物样品时，要做好安全防护工作，按要求穿戴防护用品。

5. 采样人员要穿戴防护服和橡胶手套，必要时应着一次性隔离服、防护口罩或/和防护眼镜，并及时对污染区的表面和溢出物进行消毒处理。

6. 进行样品采集的所有步骤都必须要戴手套，避免接触不同养殖场(户)时重复使用手套，以免交叉污染，并留意手套是否有破损。

7. 在采集野外动物组织样品时，要注意采取防虫媒叮咬措施，如穿高帮胶靴等。

8. 剖检动物时应尽量做到无菌操作，避免体液外溅污染环境，防止通过昆虫或污染物传播疾病。

9. 在采样前注意观察动物的健康状况。在样品的采集过程中采取预防措施，防止被动物咬伤。尽量使用物理限制设备保定动物。

10. 对疑似一类动物疫病病例进行采样时，采集人员必须穿戴连体式隔离衣、防护鞋套、防护面罩或眼罩、防护口罩和乳胶手套(2层)；样品采集完毕，首先消毒并脱掉外层手套，然后戴内层手套一次脱掉帽子、眼罩、口罩、衣裤和鞋套，最后脱掉内层手套，再用消毒巾擦拭面部和双手。

11. 尽量不要将带针头的注射器直接送检，其内容物应移至无菌管内或

用保护性措施（如扭曲针头或给针头装上保护帽），并置于密封、防漏的塑料袋内。将用过的针头直接丢在专门的盒子中单独保存并按规定销毁或损毁。

12. 采集过程中，应注意尖锐器具的使用和处理。

三、样品采集生物安全隐患

1. 活体采样时动物的活动可能造成工作人员伤害，如抓咬伤工作人员。

2. 在样品采集过程中因操作不当，由使用的器材设备等引起的机械性损伤，如刀片割破、针头刺伤等。

3. 患病动物，特别是隐性感染的动物在样品采集过程中，工作人员和其他有关人员可能吸入这些动物排出的气溶胶，造成人员感染，同时这些动物在采样过程中排出的病原也可能对环境构成污染。

4. 由于病死动物所携带病原的复杂性和未知性，解剖采样过程中可能会对工作人员构成威胁，对环境造成污染（污水、血液等）。

四、样品采集的生物安全

为了保护工作人员、协助人员以及周边居民免于受到感染，严谨的操作技术规范是必不可少的。

1. 重大动物疫病在没有获得允许的情况下禁止样品采集，特别是怀疑炭疽时首先采耳尖血涂片检查，确诊后禁止剖检。

2. 采样人员必须是兽医技术人员。具备动物传染病感染、传播流行与预防的相关知识，熟练掌握各种动物的保定技术和采样技术。

3. 采样协助人员培训。当相关工作人员在与动物接触时，应该学会避免不必要的风险，工作人员应根据其工作地点具有的风险性接受相应的培训，了解采样的动物可能带有的疫病与人畜共患病，以及可能的感染与传播方式。同时，掌握工作过程中出现的异常情况处置措施，以及个人卫生和其他方面的知识。

4. 操作规范。采样生物安全是建立在接受过生物安全培训的技术人员，在认真履行安全准则，规范操作的基础上的。

(1)健康采样时遵守出入养殖场(户)的隔离消毒措施，防止通过采样人员的活动造成疫病传播。由于各养殖场动物的免疫、抵抗力不同，可能在一个场表现为隐性的病原，一旦人为带入另一个养殖场，则可能引起动物感染发病和流行。因此，出入养殖场必须更换隔离服和手套并做好胶靴消毒，如果是发病场更应严格。

(2)进入养殖场，首先观察动物是否健康，如果动物发生某些疫病，可能产生对人的攻击行为，如狂犬病、疯牛病等，此时就更加注意保护好自己。

(3)尽可能使用物理限制设备保定动物，既保证人的安全，也保证样品的质量。

(4)做好采样器械的消毒，避免样品的交叉污染。

(5)确保动物的保定，做好人员防护，防止出现针刺伤风险。

(6)尖锐物品的处理，注射用针头、刀片一旦使用完毕，必须立刻投入尖锐物品箱内以待处理。

(7)病死动物要在隔离区(下铺塑料布)或实验室剖检、采样，采样后的动物尸体、废弃物等进行烧毁或深埋等无害化生理。

(8)采样结束，采样人员需更衣消毒，对采样的环境进行清洁消毒。

五、废弃物的处理

1. 动物或组织必须进行消毒、焚烧或深埋等无害化安全处理。

2. 离开采样区，应将可能有污染的防护用品如防护服、设备、材料经化学消毒剂消毒，或者放置在专用的废弃物收集箱中，方可带出污染区。

3. 采集和处理样品产生的废弃物，应置于牢固塑料袋中密封，经 121℃ 30 min 灭菌处理后弃掉。

4. 采样结束后，应立即对工作场所进行消毒处理。

六、样品采集过程中的人员防护

采样人员进入现场采样时应穿戴全套的个人防护装备:防护服、防护帽、口罩、乳胶手套、胶靴等。野外采样,准备消毒的采样器械,对动物做好保定,防止动物可能产生对人的攻击行为。病死动物在隔离区(下铺塑料布)剖检。

通过伤口、黏膜、皮肤传染的疾病如炭疽、毒素中毒等,在样品采集时必须戴面罩和护目镜。通过粪便传播的传染病如霍乱、肠伤寒等,采样人员要严密穿戴防护服和手套,防蚊蝇灭蝇,采样完毕要洗手。严禁在疫区吃、喝、抽烟等行为。

如果怀疑是人畜共患病,最好在生物安全柜内进行,野外则应佩戴面罩和护目镜。工作完毕,脱掉个人防护装备,连同动物尸体、废弃物进行烧毁或深埋等无害化处理。工作人员更衣消毒。

七、样品采集过程中的其他注意事项

1. 样品采集过程中,样品采集人员应注意安全操作。必要时,还应备有急救包,便于在采样中意外泄露时应急使用,确保样品采集人员的安全。

2. 要注意样品的安全和包装,不能将泄漏的样品容器运至实验室进行处理。如果要继续送检,应告知实验室人员,说明容器泄漏情况,考虑样品在进行检测时可能对结果带来的偏差。

3. 采集样品时,尽量避免使用尖锐、锋利、易碎、不够牢固的器具。

4. 必要时,相关人员应尽可能接种相关的疫苗,进行免疫保护。

5. 相关单位注意加强对采样及相关人员进行必要的健康监护,一旦出现身体不适或发热等情况时,要及时就诊和治疗。

6. 一旦发生意外事故或暴露,要及时采取相应措施,并立即向所在单位负责人报告。

第二节　采集样品保存、运输过程中的生物安全

一、动物样品的分类

动物样品包括动物分泌物、血液、排泄物、器官组织、渗出液等。原农业部第503号公告《高致病性动物病原微生物菌（毒）种或者样本运输包装规范》规定要在此类物品包装上贴有相关标志。国际航空运输协会特别指出此类物品不包括感染的活体动物。

列入国际航空运输协会危险品管理条例的诊断样品分类如下：已知含有或有理由怀疑含有风险级别2、3或4的病原物品和极低可能含有风险级别4病原的物品。此类物品在联合国2814号条例（感染人的病原）或者联合国2900号条例（感染动物的病原）都有详细说明。用于此类病原初步诊断或确诊的样品属于此级别（PI602）。

二、样品的包装安全

包装要求有三项基本原则。

1. 确保样品的包装容器不被损坏，同时不会渗漏。

2. 即使在容器破碎的情况下，确保样品不会漏出。

3. 贴标签（说明何种物品）。

包装：国际运输航空协会要求感染性物品、诊断材料、生物制品都要按照危险物品管理条例中的特别说明进行包装。包装条例主要有PI1650和PI602。其中规定必须三层包装、贴标签和文字说明。

（1）三层包装。三层包装在国际运输航空协会的危险物品管理条例都有说明。物品包装的第一层容器要保证防水、防漏和密封性良好。吸水材料缠绕容器（运送固体类物品除外），以防止容器破碎后液体的扩散。美国邮政管理局规定容器必须留有足够的空间（液体扩散的空间），确保在55℃时，容器不会被液体装满。

第二层包装应是能将第一层容器装入的坚固、防水和防漏的容器。可能在第二层包装中不止包装一个一层容器(依据包装量的有关规定)。美国邮政管理局要求在第一层周围放有快速吸水性材料，运输部也要求在每个第一层容器都缠绕吸水性材料。而公共卫生署只要求在包装材料每件容积超过 50 mL 时使用吸水材料。

在第二层外面不应有一层包装。最外面的包装要坚固,一般要求使用皱褶的纤维板、木板或者强度与其类似的材料。美国邮政管理局要求包装必须使用纤维板或者运输部规定的材料。此外,还要求对包装做一些测试,比如运输过程中是否会有内容物的外泄和包装外部保护作用的降低。

国际运输航空协会要求外包装坚固,使用纤维板、木板或铁制材料。

(2)基本的防漏包装。此种类型的包装是为了防漏、防震,防止压力的变化和其他在运输中常见的事故,以免对样品产生不利影响。主要遵循的原则就是上述的三层包装原则。

(3)特殊的包装需要

冰:包装时使用冰作冷冻剂,一定要采取防渗漏措施。

干冰:使用干冰作冷冻剂,必须将干冰放入第二层容器内,第二层容器必须用防震材料进行固定,以免干冰挥发后发生松动。美国邮政管理局和运输部要求外包装必须使用透气材料,以使干冰挥发。

液氮:包装必须耐受极低的温度并且有可以运输液氮的文件证明。

具体包装要求可参照原农业部第 503 号公告《高致病性动物病原微生物菌(毒)种或者样本运输包装规范》。

第三节　运输高致病性动物病原微生物菌(毒)种或样本的安全

1. 运输目的、用途和接受单位符合规定。

2. 运输容器符合规定。

3. 印有生物危险标识、警告用语和提示用语。

4. 原则上通过陆路运输，水路运输；紧急情况下，可以通过民用航空运输。

5. 经过省级以上兽医主管部门批准。省内的由省级批准；跨省或运往国外的，省级初审后，由农业农村部批准。

6. 应当有不少于 2 人的专人护送，并采取防护措施。

7. 发生被盗、被抢、丢失、泄漏的，立即采取控制措施。在 2 h 内向有关部门报告。

第十三章　常用试剂的配制

第一节　试剂的规格及保管

一、试剂的规格

在检验中试剂的纯度对检验的结果有很大的影响，试剂里的微量不纯物质，有时能使检验失败。因此，应根据试验的目的，适当选择纯度不同的试剂。试剂纯度有统一标准，按其所含杂质的量，分为以下5种。

1. 优级纯（保证试剂G.R.），又称一级试剂，是含杂质极少的一种试剂。适合于最精确分析及研究工作用，除明确指出用此种试剂外，一般可以不用。

2. 分析纯（A.R.），又称二级试剂，纯度较高，适用于精确分析，可用于配制标准溶液，为实验室中广泛选用的试剂。

3. 化学纯（G.P.），又称三级试剂，纯度不如分析纯，适用于一般定性定量分析。

4. 实验试剂（L.R.），又称四级试剂，杂质含量较以上三种试剂为多，一般不用于分析及配制标准液用。染色剂或指示剂多属此类。

5. 工业用杂质较多，配制洗涤液时多用此级制品的硫酸；工业用氯化钙用作干燥剂。

另外，还有特殊用途的基准试剂、光谱纯、层析纯等高度的试剂。选择药品等级必须根据所配制试剂的规定要求。为保证试验的质量，不应降低等级，但也不应偏用过高等级的试剂，以免造成浪费。

二、试剂配制注意事项

1. 称量要精确，特别是在配制标准溶液、缓冲溶液时，更应注意严格称量。有特殊要求的，要按规定进行干燥、恒重、提纯等。

2. 一般溶液都应用蒸馏水或无离子水配制，有特殊要求的除外。

3. 化学试剂根据其质量分为各种规格（品级），另外还有一些规格，如：纯度很高的光谱纯、层析纯；纯度较低的工业用，药典纯（相当于四级）等。配制溶液时，应根据实验要求选择不同规格的试剂。

4. 试剂应根据需要量配制，一般不宜过多，以免积压浪费，过期失效。

5. 试剂（特别是液体）一经取出，不得放回原瓶，以免因量器或药勺不清洁而污染整瓶试剂。取出固体试剂时，必须使用洁净干燥的药勺。

6. 配制试剂所用的玻璃器皿，都要清洁干净；存放试剂的试剂瓶应清洁干燥。

7. 试剂瓶上应贴标签。写明试剂名称、浓度、配制日期及配制人。

8. 试剂使用后要用原瓶塞塞紧，瓶塞不得沾染其他污物或沾污桌面。

三、试剂的保管

1. 专人管理药品，须建立领发、登记和必要的审批制度。

2. 一般药品均宜贮于干燥冷暗处，避免阳光直接照射，室温也不宜过高。

3. 易燃、易挥发试剂及易爆炸药品应严密封固，存放于冷暗处或冰箱中。

4. 剧毒药品应由专人保管，单放专用柜中并加锁。需要用剧毒药品时，应经有关上级领导审批。用毕立即放回原处，并记录用量。

5. 强酸、强碱应分别存放。

6. 药品在柜内应有次序排列，一般按其性质并根据字母前后放置，不得乱拿乱放。

7. 对装药品的容器和标签应特别爱护。必要分装时除容器清洁和瓶塞严密外,标签上必须注明药品名称、重量、质量级别、批号、出品日期、制造厂名和分装日期。绝不容许有无标签的药品。

8. 药品柜必须加锁,并应定期检查,注意药瓶有无损坏、药品有无变质等。

9. 药品柜附近或药房里,应设有消防设备。

第二节 常用溶液的配制

一、百分浓度

为每100份溶液中所含溶质或溶液的量,可以用重量或体积表示。溶液的百分浓度,一般可分为下列3种。

1. 重量-体积百分浓度(以W/V表示),是100 mL溶液中所含溶质的克数所表示的溶液浓度。一般配制溶质为固体的溶液即以此法表示。如配制生理盐水,就是在100 mL溶液中含有氯化钠0.85 g。

2. 体积-体积百分浓度(以V/V表示),是100 mL溶液中所含溶质的毫升数所表示的溶液浓度。一般多用于配制溶质为液体的溶液。如75%酒精溶液,就是在100 mL酒精溶液中含纯乙醇75 mL及水25 mL。

3. 重量-重量百分浓度(以W/W表示),是100 g溶液中所含溶质的克数所表示的溶液浓度。如过氧化氢水溶液的浓度即以此法表示。

二、摩尔浓度

用1 L(1 000 mL)溶液中所含溶质的摩尔数来表示溶液的浓度叫作摩尔浓度。

摩尔及其计算:物质相互作用时,所需重量的比是一定的。例如,1个重量单位的氢与8个单位重量的氧化合而成水;8个重量单位的氧与3个重量单位的碳化合成二氧化碳。

某元素与8个重量单位的氧或1个重量单位的氢化合或置换时所需的

重量单位数,叫作该元素的摩尔量。

物质的量用克做单位来表示,在数值上同该物质的摩尔相同,这个量叫作摩尔量。

各种物质摩尔计算的方法:

元素的摩尔=原子量/化合物

酸的摩尔=分子量/酸分子中可被金属置换的氢原子数

碱的摩尔=分子量/碱分子中氢氧根数

盐的摩尔=分子量/盐分子中金属部分的化合价的总数

氧化还原物质的摩尔=分子量(或原子量)/一个分子(或原子)失去或得到电子数目

常用摩尔浓度溶剂的配制:摩尔浓度是 1 L(1 000 mL)溶液中所含溶质的摩尔数所表示的溶液浓度。通常用字母 mol/L 表示。

1. 1 mol/L 草酸溶液的配制。精确称取草酸($H_2G_2O_4 \cdot 2H_2O$, A.R.)63.030 g,置于干燥清洁烧杯内,加入少量蒸馏水,使其完全溶解后,倾入 1 000 mL 容量瓶内,再用蒸馏水将烧杯洗涤数次,洗液一并倾入容量瓶内,最后以蒸馏水加至刻度,混匀。此溶液可保存甚久,作为滴定碱溶液的基准溶液。

2. 1 mol/L 硫酸溶液的配制。量取浓硫酸(A.R.或 G.P.)28 mL,徐徐倾入已盛有蒸馏水约 800 mL 的 1 000 mL 容量瓶内,随加随摇,注意发热(配制浓硫酸溶液时,切不可将水加入浓硫酸内,以免产生暴热,造成事故),冷却后以蒸馏水稀释至刻度,混匀,滴定。

滴定至粉红色,并以 30 s 内不褪色为止,记录氢氧化钠溶液的用量,并重复滴定一次。

计算:如果酸、碱二溶液用量相等,表示两者恰好为 1 mol/L。碱用量小于 20 mL,表示酸的浓度低于 1 mol/L,应加适量的浓硫酸后再滴定。碱用量多于 20 mL,表示酸浓度较高,应稀释。即碱量减去酸量,再被酸量除,结果为稀释 1 mol/L 时每毫升加入蒸馏水 0.05 mL 后为 1 mol/L。

3. 1 mol/L 盐酸溶液的配制。量取浓盐酸(A.R.或 G.P.,比重 1.18~1.19)

100 mL，置于已盛有蒸馏水的 1 000 mL 容量瓶内，再加蒸馏水至刻度，混匀。

滴定与计算：参考 1 mol/L 硫酸配制法及滴定。

4. 1 mol/L 硝酸溶液的配制。量取浓硝酸（A.R.，比重 1.42）63 mL，缓慢地加入已盛有 900 mL 蒸馏水的 1 000 mL 容量瓶内，加水至刻度，混匀后滴定。

滴定时用 1 mol/L 氢氧化钠溶液，以酚红为指示剂，滴定方法同硫酸滴定。

5. 1 mol/L 醋酸溶液的配制。取冰醋酸 60 mL，加水至 1 000 mL，然后以 1 mol/L 氢氧化钠溶液滴定，用酚红为指示剂。滴定法同硫酸滴定法。

6. 1 mol/L 碳酸氢钠溶液的配制。精确称取无水碳酸钠（A.R.）530 g，置于干燥清洁烧杯内，加蒸馏水少量，完全溶解后，倾入 1 000 mL 容量瓶内，并用蒸馏水洗涤烧杯数次，一并加入容量瓶内，再加蒸馏水至刻度，混匀。作为滴定酸溶液的基准溶液。

7. 1 mol/L 氢氧化钠溶液的配制。称取氢氧化钠（A.R.或 G.P.）100 g，放在三角烧瓶内（氢氧化钠溶解时发生高热，切不可在试剂瓶或量筒中溶解，以防容器炸裂而造成意外），徐徐加入蒸馏水 200 mL，并用玻璃棒搅拌，促其溶解，塞以橡皮塞，静置 1 周，使其中可能含有的碳酸盐沉淀。吸取上清溶液 100 mL，放在 1000 mL 容量瓶内，加蒸馏水至刻度。均匀后滴定。

滴定：准确吸取 1 mol/L 草酸溶液 20 mL，放于 250 mL 三角瓶中，再加蒸馏水 50 mL，1%酚酞指示剂 2~3 滴，以上述氢氧化钠溶液滴定至溶液变为粉红色，并在 30 s 内不退色为止。

计算：根据消耗氢氧化钠溶液的毫升数以修正氢氧化钠的浓度，即根据滴定所用的量可计算出此氢氧化钠溶液尚需稀释的量，配成相同摩尔浓度的溶液。例如，滴定 20 mol/L 草酸溶液，共消耗 19 mL 氢氧化钠溶液，则 19 mL 氢氧化钠液需再加蒸馏水 1 mL，即成 1 mol/L 氢氧化钠溶液。每次滴定须重复一遍，以保证准确性（以酸、碱溶液滴定时，必须以碱溶液滴定酸溶液中，不可相反滴定)。

8. 0.1 mol/L 高锰酸钾溶液的配制。称取干燥高锰酸钾约 3.5 g,加水至 1 000 mL,充分混合后,置棕色试剂瓶中,静置暗处 7~10 d,或加热至 60℃左右待冷,紧塞瓶塞,静置暗处一昼夜,然后取出上清液,按下法滴定校正。

用容量吸管吸取 0.1 mol/L 草酸溶液 20 mL 及 10%硫酸溶液 20 mL,浸在 65~80℃温水的三角烧瓶中,以上述高锰酸钾溶液滴定,至溶液呈粉红色并可维持 1 min 不退色为止。同样再取蒸馏水 20 mL 及 10%硫酸溶液 20 mL,也以高锰酸钾溶液滴定,作为空白对照。滴定草酸溶液时用去的毫升数,减去空白滴定时用去的毫升数,再以 20 mL 减之,即为高锰酸钾溶液加至 20 mL 时需加蒸馏水毫升数。稀释成 0.1 mol/L 溶液后应重复滴定一次。高锰酸钾溶液性质颇不稳定,即便贮于棕色瓶内也应经常校正。

9. 0.1 mol/L 重铬酸钾溶液的配制。取重铬酸钾(A.R)粉末,置 120℃烘箱内烤干,再移置干燥器内于室温下使冷却。精确称取 4.903 5 g,溶于蒸馏水内使成 1 000 mL,即得 0.1 mol/L 重铬酸钾溶液。

10. 0.1 mol/L 硫代硫酸钠溶液的配制。称取硫代硫酸钠($Na_2S_2O_3 \cdot 5H_2O$, G.P.)52 g 溶于新煮沸已冷却的蒸馏水内, 使成 1 000 mL, 取此溶液与 0.1 mol/L 碘溶液或 0.1 mol/L 重铬酸钾溶液按下法滴定。

准确量取 0.1 mol/L 重铬酸钾溶液 30 mL,置三角烧瓶内,加蒸馏水 50 mL,称取碘化钾 2 g 并加入浓盐酸 5 mL,塞上瓶塞,放置 10 min,再加蒸馏水 100 mL 稀释。以硫代硫酸钠溶液滴定析出之碘,当溶液已成淡黄绿色时,加入 1%淀粉溶液 2~3 滴,并继续滴定至淀粉的蓝色消失为止,记录所消耗的硫代硫酸钠溶液的毫升数,再按滴定氢氧化钠溶液的方法计算和修正其浓度。

硫代硫酸钠溶液的浓度易被空气及溶于蒸馏水中的二氧化碳氧化而变淡。为使溶液稳定,可加入碳酸钠 0.2 g,紧塞瓶口,摇匀,置暗处 2~3 d ,以除去水中的二氧化碳及可能来自蒸馏器的极微量的 Cu^{2+}。

11. 0.1 mol/L 碘溶液的配制。于 1 000 mL 容量瓶内加入蒸馏水 100 mL

及碘化钾 24 g，待碘化钾完全溶解后，再加入纯碘片 13.5 g，溶解后再加蒸馏水稀释到刻度处，用 0.1 mol/L 硫代硫酸钠液滴定。准确吸取 0.1 mol/L 硫代硫酸钠液 25 mL 置三角烧瓶中，加淀粉液 2~3 mL，摇匀，随摇随加入碘溶液，由于碘分子被还原成碘离子的关系，起初滴下的碘溶液为无色。当硫代硫酸钠全部被碘氧化后，极微的过量碘溶液，可与淀粉液发生作用而呈蓝色，此即滴定终点。由用去碘溶液的毫升数计算蒸馏水的加入量，从而校正成为 0.1 mol/L 碘溶液。

12. 1 mol/L 碘酸钾溶液的配制。先将碘酸钾置于 110℃干燥箱内，干燥 2 h 后取出放冷。立即精确称取 3.567 g，置于 100 mL 容量瓶中，加少量水溶解后，再补加蒸馏水至 100 mL，于棕色玻瓶中避光保存(须紧塞瓶盖)，即为 1 mol/L 碘酸钾溶液。

13. 1 mol/L 氯化钠溶液的配制。称取氯化钠(A.R)58.50 g，放于 1 000 mL 容量瓶内，加少量的蒸馏水溶解后，再加水至刻度处。

14. 1 mol/L 硝酸银溶液的配制。称取硝酸银 169.97 g，放于 1 000 mL 容量瓶内，加少量蒸馏备水溶解后，继续加水至刻度。

三、溶液浓度稀释计算法

已知浓度的溶液，如欲稀释成其他浓度，可按下列方法计算。

(一)稀释公式法

稀溶液的浓度:浓溶液的浓度=浓溶液的体积:稀溶液的体积，浓溶液的体积×浓溶液的浓度=稀溶液的体积×稀溶液的浓度

例：欲配制 10%葡萄糖溶液 500 mL，需用 50%葡萄糖溶液多少毫升？

需用 50%葡萄糖液=500×10%/50%=500×10/50=100 mL

(二)交叉法则

1. 由已知浓度的溶液稀释成所需浓度的溶液。把所需的浓度放在两条直线的交叉点，已知浓度写在左上端，左下端写上蒸馏水的浓度 0，然后把每一条线上的两个数字相减，将其差数写在该直线的另一端，如此右上端和

右下端的数字，便分别表示出制备此溶液时，需用已知浓度的溶液和蒸馏水之份数。

例如：现有95%酒精，怎样配成75%酒精？

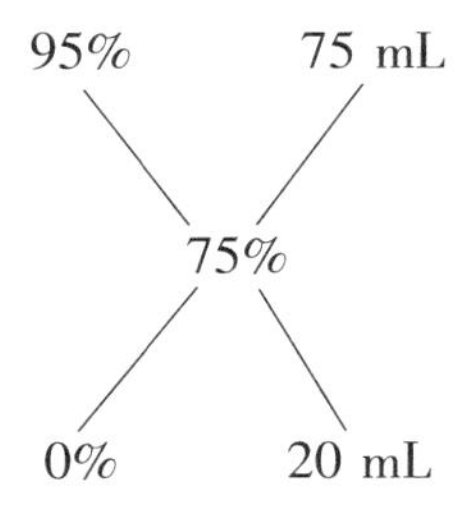

即需将95%酒精75 mL加水20 mL，混合即成75%酒精95 mL。

2. 由两种已知浓度的溶液欲配制介于两者之间的所需浓度的溶液。

可按下法进行：把所需浓度放在两条直线交叉点，已知高浓度的写在左上端，低浓度的写在左下端，然后把每一条直线上的两个数字相减，将其差数写在该直线的另一端。如此，右上端和右下端的数字便分别是制备所需浓度的溶液时，需用每一浓度溶液的份数。

例如，由5%及50%两种葡萄糖溶液，怎样配制10%葡萄糖溶液？

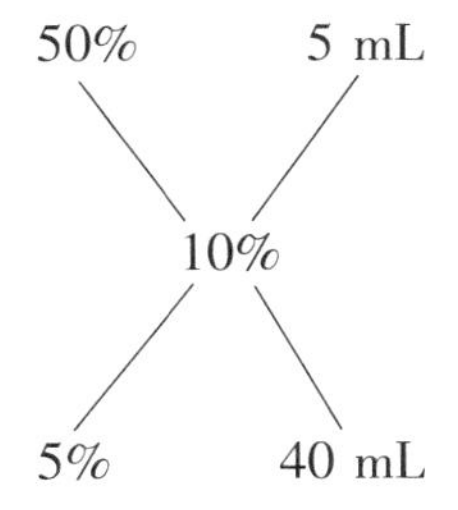

此即表示用50%葡萄糖溶液5 mL和5%葡萄糖溶液40 mL混合，即可配成10%葡萄糖溶液45 mL。

四、不同单位浓度溶液换算方法

1. 当量浓度与摩尔浓度的换算

当量浓度=摩尔浓度×化合价

如1当量硫酸溶液相当于多少摩尔浓度？

代入上式:摩尔浓度=1/2=0.5

当量浓度=克分子浓度×化合价

如 0.66 mol/L。磷酸溶液相当于多少当量浓度?

代入上式:当量浓度=0.667×3≈2

如化合价为 1 价,则当量浓度即等于摩尔浓度。

2. 百分浓度(W/V)与当量浓度及摩尔浓度的换算

当量浓度=百分浓度×1 000/溶质分子量/化合价

即,当量浓度=百分浓度×1 000×化合价/溶质分子量

如 22%(W/V) 硫酸钠溶液相当于几个当量浓度?

代入上式:当量浓度=22/100×1 000×2/142=22×10×2/142=3.1

3. 摩尔浓度=百分浓度×1 000/溶质分子量

如 22%(W/V)硫酸钠溶液相当于几个当量浓度?

代入上式: 摩尔浓度=22/100×1 000/142=22×10/142=1.55(mol/L)

4. 当量浓度及摩尔浓度与百分浓度(W/V)的换算

百分浓度=摩尔数×当量浓度/1 000×化合价

如 3.1 mol/L 硫酸钠溶液相当于百分浓度(W/V)多少?

代入上式:百分浓度=142×3.1/1 000×2=22%

百分浓度=摩尔数×摩尔浓度/1 000

如 1.55 mol/L 硫酸钠溶液相当于百分浓度(W/V)多少?

代入上式:百分浓度=142×1.55/1 000=22%

5. 容量分析中当量浓度与溶液体积之间的基本计算。当两种溶液互相反应达到终点时,它们的克当量数或毫克当量数应恰巧相等,可以用下式表示之:

$NV=N_1V_1$

N 为第一种溶液的当量浓度,V 为第一种溶液的体积;N_1 为第二种溶液的当量浓度,V_1 为第二种溶液的体积。

例如,以 1.250 mol/L 盐酸溶液滴定 20 mL 氢氧化钠溶液,滴定恰到终

点时，用去盐酸溶液 18.94 mL，则氢氧化钠溶液的当量浓度是多少？

代入上式：12.50×18.94=x×20x=1.250×18.94/20=1.184 mol/L。

即该氢氧化钠溶液的当量浓度是 1.184 mol/L。

五、常用缓冲液的配制

1. 甘氨酸–盐酸缓冲液（0.05 mol/L）

X mL 0.2 mol/L 甘氨酸+Y mL 0.2 mol/L HCl，再加水稀释至 200 mL。

表 13–1　甘氨酸–盐酸缓冲液的配制　　单位：mL

pH	*X*	*Y*	pH	*X*	*Y*
2.0	50	44.0	3.0	50	11.4
2.4	50	32.4	3.2	50	8.2
2.6	50	24.2	3.4	50	6.4
2.8	50	16.8	3.6	50	5.0

甘氨酸分子量 = 75.07，0.2 mol/L 甘氨酸溶液含 15.01 g/L。

2. 邻苯二甲酸–盐酸缓冲液（0.05 mol/L）

X mL 0.2 mol/L 邻苯二甲酸氢钾+ Y mL 0.2 mol/L HCl，再加水稀释到 20 mL。

表 13–2　邻苯二甲酸–盐酸缓冲液的配制　　单位：mL

pH（20℃）	*X*	*Y*	pH（20℃）	*X*	*Y*
2.2	5	4.070	3.2	5	1.470
2.4	5	3.960	3.4	5	0.990
2.6	5	3.295	3.6	5	0.597
2.8	5	2.642	3.8	5	0.263
3.0	5	2.022			

邻苯二甲酸氢钾分子量=204.23，0.2 mol/L 邻苯二甲酸氢钾溶液含

40.85 g/L。

3. 磷酸氢二钠–柠檬酸缓冲液

表 13–3　磷酸氢二钠–柠檬酸缓冲液的配制

pH	0.2/(mol·L^{-1}) Na_2HPO/mL	0.1/(mol·L^{-1}) 柠檬酸/mL	pH	0.2/(mol·L^{-1}) Na_2HPO/mL	0.1/(mol·L^{-1}) 柠檬酸/mL
2.2	0.40	10.60	5.2	10.72	9.28
2.4	1.24	18.76	5.4	11.15	8.85
2.6	2.18	17.82	5.6	11.60	8.40
2.8	3.17	16.83	5.8	12.09	7.91
3.0	4.11	15.89	6.0	12.63	7.37
3.2	4.94	15.06	6.2	13.22	6.78
3.4	5.70	14.30	6.4	13.85	6.15
3.6	6.44	13.56	6.6	14.55	5.45
3.8	7.10	12.90	6.8	15.45	4.55
4.0	7.71	12.29	7.0	16.47	3.53
4.2	8.28	11.72	7.2	17.39	2.61
4.4	8.82	11.18	7.4	18.17	1.83
4.6	9.35	10.65	7.6	18.73	1.27
4.8	9.86	10.14	7.8	19.15	0.85
5.0	10.30	9.70	8.0	19.45	0.55

Na_2HPO_4 分子量=149.8，0.2 mol/L 溶液为 28.40 g/L。

$Na_2HPO_4 \cdot 2H_2O$ 分子量=178.05，0.2 mol/L 溶液为 35.01 g/L。

$C_4H_2O_7 \cdot H_2O$ 分子量=210.14，0.1 mol/L 溶液为 21.01 g/L。

4. 柠檬酸–氢氧化钠–盐酸缓冲液

表 13–4　柠檬酸–氢氧化钠–盐酸缓冲液的配制

pH	钠离子浓度/($mol \cdot L^{-1}$)	柠檬酸/g $C_6H_8O_7 \cdot H_2O$	氢氧化钠/g NaOH 97%	盐酸/mL HCl(浓)	最终体积/L
2.2	0.20	210	84	160	10
3.1	0.20	210	83	116	10
3.3	0.20	210	83	106	10
4.3	0.20	210	83	45	10
5.3	0.35	245	144	68	10
5.8	0.45	285	186	105	10
6.5	0.38	266	156	126	10

使用时可以每升中加入 1 g 酚，若最后 pH 有变化，再用少量 50%氢氧化钠溶液或浓盐酸调节，冰箱保存。

5. 柠檬酸–柠檬酸钠缓冲液(0.1 mol/L)

表 13–5　柠檬酸–柠檬酸钠缓冲液的配制

pH	0.1/($mol \cdot L^{-1}$)柠檬酸/mL	0.1/($mol \cdot L^{-1}$)柠檬酸钠/mL	pH	0.1/($mol \cdot L^{-1}$)柠檬酸/mL	0.1/($mol \cdot L^{-1}$)柠檬酸钠/mL
3.0	18.6	1.4	5.0	8.2	11.8
3.2	17.2	2.8	5.2	7.3	12.7
3.4	16.0	4.0	5.4	6.4	13.6
3.6	14.9	5.1	5.6	5.5	14.5
3.8	14.0	6.0	5.8	4.7	15.3
4.0	13.1	6.9	6.0	3.8	16.2
4.2	12.3	7.7	6.2	2.8	17.2
4.4	11.4	8.6	6.4	2.0	18.0
4.6	10.3	9.7	6.6	1.4	18.6
4.8	9.2	10.8			

柠檬酸 $C_6H_8O_7 \cdot H_2O$：分子量 210.14，0.1 mol/L 溶液为 21.01 g/L。

柠檬酸钠 $Na_3C_6H_5O_7 \cdot 2H_2O$：分子量 294.12，0.1 mol/L 溶液为 29.41 g/mL。

6. 乙酸–乙酸钠缓冲液（0.2 mol/L）

表 13–6　乙酸–乙酸钠缓冲液的配制

pH（18℃）	0.2/（mol·L⁻¹）NaAc/mL	0.3/（mol·L⁻¹）HAc/mL	pH（18℃）	0.2/（mol·L⁻¹）NaAc/mL	0.3/（mol·L⁻¹）HAc/mL
3.6	0.75	9.25	4.8	5.90	4.10
3.8	1.20	8.80	5.0	7.00	3.00
4.0	1.80	8.20	5.2	7.90	2.10
4.2	2.65	7.35	5.4	8.60	1.40
4.4	3.70	6.30	5.6	9.10	0.90
4.6	4.90	5.10	5.8	9.40	0.60

$NaAc \cdot 3H_2O$ 分子量=136.09，0.2 mol/L 溶液为 27.22 g/L。

7. 磷酸盐缓冲液

（1）磷酸氢二钠–磷酸二氢钠缓冲液（0.2 mol/L）

表 13–7　磷酸氢二钠–磷酸二氢钠缓冲液的配制

pH	0.2/（mol·L⁻¹）Na_2HPO_4 /mL	0.3/（mol·L⁻¹）NaH_2PO_4 /mL	pH	0.2/（mol·L⁻¹）Na_2HPO_4 /mL	0.3/（mol·L⁻¹）NaH_2PO_4 /mL
5.8	8.0	92.0	6.7	43.5	56.5
5.9	10.0	90.0	6.8	49.5	51.0
6.0	12.3	87.7	6.9	55.0	45.0
6.1	15.0	85.0	7.0	61.0	39.0
6.2	18.5	81.5	7.1	67.0	33.0
6.3	22.5	77.5	7.2	72.0	28.0
6.4	26.5	73.5	7.3	77.0	23.0
6.5	31.5	68.5	7.4	81.0	19.0
6.6	37.5	62.5	7.5	84.0	16.0

续表

pH	0.2/($mol \cdot L^{-1}$) Na_2HPO_4/mL	0.3/($mol \cdot L^{-1}$) NaH_2PO_4/mL	pH	0.2/($mol \cdot L^{-1}$) Na_2HPO_4/mL	0.3/($mol \cdot L^{-1}$) NaH_2PO_4/mL
7.6	87.0	13.0	7.9	93.0	7.0
7.7	89.5	10.5	8.0	94.7	5.3
7.8	91.5	8.5			

$Na_2HPO_4 \cdot 2H_2O$ 分子量=178.05，0.2 mol/L 溶液为 85.61 g/L。

$Na_2HPO_4 \cdot 2H_2O$ 分子量=358.22，0.2 mol/L 溶液为 71.64 g/L。

$Na_2HPO_4 \cdot 2H_2O$ 分子量 =156.03，0.2 mol/L 溶液为 31.21 g/L。

(2)磷酸氢二钠–磷酸二氢钾缓冲液(1/15 mol/L)

表 13–8 磷酸氢二钠–磷酸二氢钾缓冲液的配制

pH	mol/L/15 Na_2HPO_4/mL	mol/L/15 KH_2PO_4/mL	pH	mol/L/15 Na_2HPO_4/mL	mol/L/15 KH_2PO_4/mL
4.92	0.10	9.90	7.17	7.00	3.00
5.29	0.50	9.50	7.38	8.00	2.00
5.91	1.00	9.00	7.73	9.00	1.00
6.24	2.00	8.00	8.04	9.50	0.50
6.47	3.00	7.00	8.34	9.75	0.25
6.64	4.00	6.00	8.67	9.90	0.10
6.81	5.00	5.00	8.18	10.00	0.00
6.98	6.00	4.00			

$Na_2HPO_4 \cdot 2H_2O$ 分子量=178.05，1/15 mol/L 溶液为 11.876 g/L。

KH_2PO_4 分子量=136.09，1/15 mol/L 溶液为 9.078 g/L。

8. 磷酸二氢钾–氢氧化钠缓冲液(0.05 mol/L)

X mL 0.2 mol/L KH_2PO_4 + Y mL 0.2 mol/L NaOH 加水稀释至 20 mL。

表 13-9　磷酸二氢钾-氢氧化钠缓冲液的配制　　单位：mL

pH(20℃)	X	Y	pH(20℃)	X	Y
5.8	5	0.372	7.0	5	2.963
6.0	5	0.570	7.2	5	3.500
6.2	5	0.860	7.4	5	3.950
6.4	5	1.260	7.6	5	4.280
6.6	5	1.780	7.8	5	4.520
6.8	5	2.365	8.0	5	4.680

9. 巴比妥钠—盐酸缓冲液(18℃)

表 13-10　巴比妥钠—盐酸缓冲液的配制

pH(18℃)	0.04/($mol \cdot L^{-1}$)巴比妥钠/mL	0.2/($mol \cdot L^{-1}$)盐酸/mL	pH(18℃)	0.04/($mol \cdot L^{-1}$)巴比妥钠/mL	0.2/($mol \cdot L^{-1}$)盐酸/mL
6.8	100	18.4	8.4	100	5.21
7.0	100	17.8	8.6	100	3.82
7.2	100	16.7	8.8	100	2.52
7.4	100	15.3	9.0	100	1.65
7.6	100	13.4	9.2	100	1.13
7.8	100	11.47	9.4	100	0.70
8.0	100	9.39	9.6	100	0.35
8.2	100	7.21			

巴比妥钠盐分子量=206.18；0.04 mol/L 溶液为 8.25 g/L。

10. Tris-HCl 缓冲液(0.05 mol/L)

50 mL 0.1 mol/L 三羟甲基氨基甲烷(Tris)溶液与 X mL 0.1 mol/L 盐酸混匀后，加水稀释至 100 mL。

表 13-11　Tris-HCl 缓冲液的配制

pH（25℃）	X/mL	pH（25℃）	X/mL
7.10	45.7	8.10	26.2
7.20	44.7	8.20	22.9
7.30	43.4	8.30	19.9
7.40	42.0	8.40	17.2
7.50	40.3	8.50	14.7
7.60	38.5	8.60	12.4
7.70	36.6	8.70	10.3
7.80	34.5	8.80	8.5
7.90	32.0	8.90	7.0
8.00	29.2		

三羟甲基氨基甲烷分子量=121.14。

0.1 mol/L 溶液为 12.114 g/L。Tris 溶液可从空气中吸收二氧化碳，使用时注意将瓶盖严。

11. 硼酸-硼砂缓冲液（0.2 mol/L 硼酸根）

表 13-12　硼酸-硼砂缓冲液的配制

pH	0.05/($mol \cdot L^{-1}$) 硼酸/mL	0.2/($mol \cdot L^{-1}$) 硼砂/mL	pH	0.05/($mol \cdot L^{-1}$) 硼酸/mL	0.2/($mol \cdot L^{-1}$) 硼砂/mL
7.4	1.0	9.0	8.2	3.5	6.5
7.6	1.5	8.5	8.4	4.5	5.5
7.8	2.0	8.0	8.7	6.0	4.0
8.0	3.0	7.0	9.0	8.0	2.0

硼砂 $Na_2B_4O_7 \cdot H_2O$，分子量=381.43；0.05 mol/L 溶液（=0.2 mol/L 硼酸根）含 19.07g/L。

硼酸 H_2BO_3，分子量=61.84，0.2 mol/L 溶液为 12.37 g/L。

硼砂易失去结晶水，必须在带塞的瓶中保存。

12. 甘氨酸–氢氧化钠缓冲液（0.05 mol/L）

X mL 0.2 mol/L 甘氨酸+Y mL 0.2 mol/L NaOH 加水稀释至 200 mL。

表 13–13 甘氨酸–氢氧化钠缓冲液的配制 单位：mL

pH	*X*	*Y*	pH	*X*	*Y*
8.6	50	4.0	9.6	50	22.4
8.8	50	6.0	9.8	50	27.2
9.0	50	8.8	10.0	50	32.0
9.2	50	12.0	10.4	50	38.6
9.4	50	16.8	10.6	50	45.5

甘氨酸分子量=75.07；0.2 mol/L 溶液含 15.01 g/L。

13. 硼砂–氢氧化钠缓冲液（0.05 mol/mL 硼酸根）

X mL 0.05 mol/L 硼砂+Y mL 0.2 mol/L NaOH 加水稀释至 200 mL。

表 13–14 硼砂–氢氧化钠缓冲液的配制 单位：mL

pH	*X*	*Y*	pH	*X*	*Y*
9.3	50	6.0	9.8	50	34.0
9.4	50	11.0	10.0	50	43.0
9.6	50	23.0	10.1	50	46.0

硼砂 $Na_2B_4O_7 \cdot 10H_2O$，分子量=381.43；0.05 mol/L 溶液为 19.07 g/L。

14. 碳酸钠–碳酸氢钠缓冲液（0.1 mol/L）

Ca^{2+}、Mg^{2+}存在时不得使用。

表 13-15 碳酸钠-碳酸氢钠缓冲液的配制

pH		0.1/(mol·mL^{-1}) Na_2CO_3/mL	0.1/(mol·mL^{-1}) N_2HCO_3/mL
20℃	37℃		
9.16	8.77	1	9
9.40	9.12	2	8
9.51	9.40	3	7
9.78	9.50	4	6
9.90	9.72	5	5
10.14	9.90	6	4
10.28	10.08	7	3
10.53	10.28	8	2
10.83	10.57	9	1

$Na_2CO_3 \cdot 10H_2O$ 分子量=286.2;0.1 mol/L 溶液为 28.62 g/L。

Na_2HCO_3 分子量=84.0;0.1 mol/L 溶液为 8.40 g/L。

15. PBS 缓冲液

表 13-16 PBS 缓冲液的配制

pH	7.6	7.4	7.2	7.0
H_2O/mL	1 000	1 000	1 000	1 000
NaCl/g	8.5	8.5	8.5	8.5
Na_2HPO_4/g	2.2	2.2	2.2	2.2
KH_2PO_4/g	0.1	0.2	0.3	0.4

第三节 组织培养试剂配制

一、抗生素贮存液

1. 青霉素 G(钠盐)。配制成 10 000 IU/mL,使用时使最终浓度为 100 IU/mL,即 100 mL 培养液(或维持液)内加 1 mL。

配制方法:用无菌去离子水(或双蒸水)溶解青霉素;分装后在-20℃中冰冻保存。

2. 链霉素(硫酸盐)。配制成 10 000 μg/mL,使用时最终浓度为 100 μg/mL,即 100 mL 培养液(或维持液)内加入 1 mL。制备的方法步骤同青霉素 G。

3. 庆大霉素。 注射用硫酸庆大霉素 80 000 IU×5,灭菌双蒸水 70 mL,混合后成为 5 000 IU/mL,小瓶分装保存于 4℃,使用时按总量的 1%加入试液中。

4. 制霉菌素(Nystatin)。这类抗生素几乎不溶于水,故配制成 5 000 IU/mL 的悬液,使用时最终浓度为 25 IU/mL,即每毫升培养液(或维持液)内加 0.5 mL。

配制方法:用无菌去离子水混悬抗生素,分装后置-20℃冰冻保存。

5. 氨苄青霉素(ampicillin)(100 mg/mL)。溶解 1 g 氨苄青霉素钠盐于足量的水中,最后定容至 10 mL,分装成小份于-20℃贮存。常以 25~50 μg/mL 的终浓度添加于生长培养基中。

6. 羧苄青霉素(carbenicillin)(50 mg/mL)。溶解 0.5 g 羧苄青霉素二钠盐于足量的水中,最后定容至 10 mL,分装成小份于-20℃贮存。常以 25~50 μg/mL 的终浓度添加于生长培养基中。

7. 甲氧西林(methicillin)(100 mg/mL)。溶解 1 g 甲氧西林钠于足量的水中,最后定容至 10 mL,分装成小份于-20℃贮存。常以 37.5 μg/mL 终浓度与 100 μg/mL 氨苄青霉素一起添加于生长培养基。

8. 卡那霉素(kanamycin)(10 mg/mL)。溶解 100 mg 卡那霉素于足量的水中,最后定容至 10 mL,分装成小份于-20℃贮存。常以 10~50 μg/mL 的终浓度添加于生长培养基中。

9. 氯霉素(chlorampHenicol)(25 mg/mL)。溶解 250 mg 氯霉素于足量的无水乙醇中,最后定容至 10 mL,分装成小份于-20℃贮存。常以 12.5~25.0 μg/mL 的终浓度添加于生长培养基中。

10. 四环素(tetracyyline)(10 mg/mL)。溶解 100 mg 四环素盐酸盐于足

量的水中，或者将无碱的四环素溶于无水乙醇，定容至 10 mL，分装成小份用铝箔包裹装液管以免溶液见光，于-20℃贮存。常以 10~50 μg/mL 的终浓度添加于生长培养基中。

11. 萘啶酮酸（nalidixic acid）（5 mg/mL）。溶解 50 mg 萘啶酮酸钠盐于足量的水中，最后定容至 10 mL，分装成小份于-20℃贮存。常以 15 μg/mL 的终浓度添加于生长培养基中。

二、1%酚红溶液

酚红	1.0 g
1moL/L NaOH	7.0 mL

配制方法：酚红在乳钵内加少量 1 mol/L NaOH，研磨使其完全溶解，NaOH 加得越少越好；加去离子水至 100 mL；高压消毒，在室温或 4℃贮存。

三、$NaHCO_3$ 溶液

浓度	1.4%	4.4%	5.6%
$NaHCO_3$	14.0 g	44.0 g	56.0 g
去离子水	1 000 mL	1 000 mL	1 000 mL

配制方法：将 $NaHCO_3$ 溶解在去离子水中；加压过滤除菌；用密闭小瓶分装，4℃贮存，每瓶最好一次用完。

四、1 mol/L NaOH 液

NaOH	40.0 g
去离子水	1 000 mL

配制方法：将 NaOH 溶解于去离子水中；高压消毒，注意不能用橡胶或铅制瓶塞；在室温或 4℃贮存，塞紧瓶塞避免 CO_2 进入，新鲜配制为好；配制 0.1 mol/L NaOH 时，将 1 mol/L NaOH 用去离子水稀释 10 倍。

五、Hank's 溶液

10 倍 Hank's 母液的制备：

A 液：NaCl　80.0 g

KCl　4.0 g

$CaCl_2$　1.4 g

$MgSO_4·7H_2O$　2.0 g

去离子水　450 mL

B 液：Na_2HPO_4　0.6 g

KH_2PO_4　0.6 g

葡萄糖　10.0 g

$MgSO_4·7H_2O$　2.0 g

去离子水　450 mL

C 液：1%酚红　16 mL

配制方法：依次在去离子水中溶解上述成分；将 B 液慢慢地加到 A 液中，同时不断搅拌；然后加入 C 液；加去离子水到 1 000 mL；加压过滤除菌（或 0.053 MPa 高压蒸气消毒 25~30 min）；4℃贮存；应用前每 1 000 mL 使用液中加 1.4% $NaHCO_3$ 溶液 25 mL。

六、Earle's 液

10 倍 Earle's 母液的制备：

A 液：NaCl　68.0 g

KCl　4.0 g

$MgSO_4·7H_2O$　2.0 g

NaH_2PO_4　1.25 g

葡萄糖　10.0 g

去离子水　800 mL

B 液：$CaCl_2$　2.0 g

去离子水　150 mL

C 液：1%酚红　16 mL

配制方法：依次在去离子水中溶解上述成分；将 B 液慢慢加到 A 液中，同时不断搅拌，然后加入 C 液(酚红)；加去离子水到 1 000 mL；加压过滤除菌（或 0.053 MPa 高压蒸气消毒 25~30 min)；4℃贮存；应用前每 1 000 mL 使用液中加 4.4%$NaHCO_3$ 溶液 25 mL。

七、磷酸盐缓冲盐溶液(PBS)：使用液(pH 7.3)

A 液：NaCl　8.0 g

KCl　0.2 g

Na_2HPO_4　1.15 g

KH_2PO_4　0.2 g

去离子水　1 000 mL

B 液：$CaCl_2$　0.1 g

$MgCl_2 \cdot 6H_2O$　0.1 g

去离子水　200 mL

配制方法：按上述次序将盐类在去离子水中溶解；A 和 B 液分别高压灭菌；冷却后 A 液和 B 液混合(注意无菌操作)；分装，室温或 4℃贮存。

八、无钙、镁磷酸盐缓冲液：使用液(pH 7.3)

NaCl　8.0 g

KCl　0.2 g

Na_2HPO_4　1.15 g

KH_2PO_4　0.2 g

去离子水　1 000 mL

配制方法：按上述次序将各成分在去离子水中溶解；分装，高压灭菌；室温或 4℃贮存。

九、Tris(三羟甲基氨基甲烷[Tris(hydroxymethyl)Aminomethane])缓冲液

此缓冲液用在少用或不用 $NaHCO_3$ 的细胞培养中，其优点在于可不必用 CO_2 培养箱，pH 范围在 7.0~9.0(7.5~8.5 最稳定)，低于 7.0 以下无效。经过改良的 Gey 氏盐溶液将 Tris 液制备成 0.05 mol/L(pH 7.6)的母液，使用时最终浓度为 0.002~0.02 mol/L。

Gey 氏溶液：

A 液：	NaCl	70.0 g
	KCl	3.7 g
	Na_2HPO_4	1.19 g
	KH_2PO_4	0.372 g
	葡萄糖	10.0 g
	1%酚红	10.0 mL
	去离子	1 000 mL

按上述次序在去离子水中溶解各种成分，此即为 10 倍浓缩母液，4℃贮存，用时用去离子水稀释 10 倍，高压消毒，室温或 4℃贮存。

B 液：	$MgCl_2 \cdot 6H_2O$	0.42 g
	$MgSO_4 \cdot 7H_2O$	0.14 g
	$CaCl_2$	0.34 g
	去离子水	100 mL

配制方法:依次在去离子水中溶解各成分;高压消毒;室温或 4℃贮存。

0.05 mol/L Tris 缓冲液的制备：(1) 取 20 mL B 液加到 360 mL A 液中，即为改良的 Gey 氏溶液；(2)取 2.42 g Tris 溶解在约 100 mL 的上述溶液中；加 76.8 mL 0.2 mol/L HCl 到(2)中(0.2 mol/L HCl 需事先配制)；加(1)到(2)中，使总量到 400 mL，此即为 0.05 mol/L Tris 缓冲液，pH 7.6；过滤除菌分装，4℃贮存。

十、水解乳蛋白液

制备5%母液:水解乳蛋白　50 g

无 $NaHPO_4$ 的 Hank's 使用液　1 000 mL

配制方法:将水解乳蛋白加到 Hank's 溶液中,加热到56℃直至溶解;分装,高压灭菌、室温或4℃贮存。用前将50 mL 此溶液加入1 mL 的1 mol/L NaOH 溶液中。

十一、胰酶(Trypsin)

0.25%溶液:	
胰酶	2.5 g
Hank's 使用液	1 000 mL
青霉素	10 mL
链霉素	10 mL

配制方法:加胰酶和抗生素于 Hank's 液中,震荡使其溶解;加压过滤除菌,分装,-20℃冰冻贮存。一瓶最好一次用完,不宜反复冻融。

十二、胰酶—乙二胺四乙酸二钠(Trypsin-Versene)

胰酶	2.5 g
乙二胺四乙酸二钠(Versene)	0.2 g
无钙镁磷酸缓冲液	1 000 mL
青霉素	10 mL
链霉素	10 mL

配制方法:加胰酶,乙二胺四乙酸二钠和抗生素于无钙镁磷酸缓冲液中震荡使其完全溶解;加压过滤除菌,分装,-20℃冰冻贮存。一瓶最好用一次,不宜反复冻融。

十三、0.02%乙二胺四乙酸溶液(Versene,pH 7.3)

乙二胺四乙酸二钠(Versene)　0.2 g

无钙镁磷酸缓冲液　　　　1 000 mL

配制方法：将乙二胺四乙酸溶解于无钙镁磷酸缓冲液中；分装，高压消毒；放 4℃保存。

十四、谷氨酰胺溶液

L-谷氨酰胺　　12.0 g

配制方法：溶于 400 mL 去离子水中；加压过滤除菌，分装成 50 mL；-20℃贮存。

此液不加在母液里，在配使用液（即生长液或维持液）时加入。

十五、细胞冷藏保存液

10 倍 Eagle's 母液	80 mL
谷氨酰胺溶液	8 mL
4.4%$NaHCO_3$	10 mL
小牛血清	100 mL
甘油（高压灭菌或用 10%二甲基亚砜）	10 mL
青霉素	10 mL
链霉素	10 mL

配制方法:用无菌操作法依次加入上述试剂；分装，塞紧瓶塞，4℃贮存。

十六、血清

组织培养用的血清种类很多，其中有小牛血清、胎牛血清、马血清、兔血清、人血清等，一般从已禁食 24 h 的动物血液分离获得。如用小牛血清则以不吃过母乳的小牛为佳。

配制方法：无菌操作采血，室温凝固；从玻璃瓶壁剥离血块，在 4℃冷藏过夜，使血块尽量收缩；吸出血清，离心沉淀，3 000 r/min，15 min；收集上清加压过滤除菌；分装，56℃ 30 min 加热（有时也可不灭活），-20℃冰冻贮存；

每瓶血清最好一次用完。

十七、pH 调整液

在许多情况下，为了营养成分稳定和延长贮存时间，配制溶液时，都不预先加入 $NaHCO_3$，而在使用前加入。为了保持培养 pH 恒定，以利于细胞的生长和增殖，还可用 HEPES［N-(2hydroxyethl peperazine-ethanesulp Honicacid)］作添加剂。

1. $NaHCO_3$。常以浓度为 7.5%、5.6%和 3.7%三种调整 pH。用灭菌去离子水（或双蒸水）配制，分装，4℃保存。当 pH 超过配制范围后，可用高压灭菌的 10%醋酸溶液或通入 CO_2 调节。

2. HEPES。为了能在较长时间控制恒定的 pH 范围，可以使用氢离子缓冲液。HEPES 就是其中的一种，它具有较强的缓冲能力。使用最终浓度为 10~50 mmol/L，可根据缓冲能力的要求而定。

3. HEPES 的配制。HEPES 可按照所需的浓度，直接加入到配制的培养液中，再过滤除菌。通常配制成 500 mmol/L 的浓度。用 200 mL 双蒸水溶解 47.6 g HEPES，用 1 mol/L NaOH 调节 pH 至 7.5~8.0。过滤除菌后，分装，4℃保存。

第四节　血清学试剂的配制

一、阿氏（Alsever's）液

葡萄糖	2.05 g
枸橼酸钠	0.8 g
枸橼酸	0.055 g
氯化钠	0.42 g
去离子水加至	100 mL

上述成分混合后加微热溶解，过滤，以 0.053 MPa 20 min 灭菌，4℃贮存备用。

二、钙镁盐水

$MgCl_2 \cdot 6H_2O$　　10.0 g

$CaCl_2 \cdot 2H_2O$　　4.0 g

加去离子水至　　100 mL

取上述钙镁溶液 1 mL 加入生理盐水 999 mL 即为钙镁盐水，用于补体结合试验。

三、0.5 mol/L 碳酸缓冲液（荧光技术用）

Na_2CO_3（无水）　　0.6 g

$NaHCO_3$　　3.7 g

去离子水加至　　100 mL

测 pH，并按需要将 pH 调至 9.0~9.5，保存中要塞紧瓶塞，用前配制。

四、pH 7.2 磷酸缓冲盐水（PBS）

Na_2HPO_4　　0.56 g

KH_2PO_4　　0.14 g

NaCl　　8.5 g

去离子水加至　　1 000 mL

0.112 Mpa 高压灭菌 30 min 后备用。

五、pH 9.0 硼酸盐水（用于血凝试验）

母液甲（1.5 mol/L NaCl 液）：

NaCl　　87.68 g

去离子水加至　　1 000 mL

母液乙（0.5 mol/L 硼酸）：

H_3BO_3　　30.92 g

去离子水加至　　1 000 mL

母液丙(1 mol/L NaOH 溶液):

NaOH	40.0 g
去离子水加至	1 000 mL

配制 0.05 mol/L H_3BO_3~0.12 mol/L NaCl pH 9.0 的硼酸盐水:

母液甲	80 mL
母液乙	100 mL
母液丙	24 mL
去离子水加至	1 000 mL

六、巴比妥缓冲盐水

NaCl	85 g
5,5-二乙巴比妥酸	5.75 g
5,5-二乙巴比妥酸钠盐	3.75 g
$MgSO_4·7H_2O$	2.08 g
$CaCl_2·2H_2O$	39.2 g
去离子水加至	2 000 mL

先将酸溶于 500 mL 热去离子水中,再加其他成分,最后加水至 2 000 mL,0.112 MPa 20 min 灭菌,保存于 4℃,pH 为 7.2,用前取上述原液 1份再加去离子水 4 份稀释。

七、免疫佐剂

10 号白油	9 份
司本 80(speen 80)	1 份

煮沸溶解、灭菌 15~20 min,冷却,放 4℃备用。也有在使用时加入吐温-80(Tween-80),使最终浓度为 1%。

第五节　组织学和细胞学试剂的配制

一、固定液

1. Bouin 氏固定液

1.2%(饱和)苦味酸水　　750 mL

甲醛溶液(40%HCHO)　　250 mL

冰醋酸　　50 mL

配制方法:按上列顺序依次加入,室温保存。

使用方法:固定组织 1~2 d;在 70%~80%乙醇中洗 2~3 d,每天换液一次;组织在 70%乙醇中保存。

备注:此液渗透力强,对组织固定均匀,收缩较小,染色效果好,为常用的固定液。

2. Carnoy 氏固定液

氯仿　　300 mL

无水乙醇　　600 mL

冰醋酸　　100 mL

配制方法:按顺序加入,混匀,室温保存。

使用方法:固定小块组织 2~3 h,固定后直接转入无水乙醇脱水即可。

备注:此液浸透快,固定时间不宜过长,经其固定的组织块,甲绿-派洛宁染色显示 DNA、RNA 较好。

3. Zenker 氏固定液

氯化汞　　70 g

硫酸钠　　10 g

次氯酸钾　　25 g

去离子水　　1 000 mL

配制方法:将上述盐类溶于水中(加温);室温保存;用前加冰醋酸使最

终浓度为5%。

使用方法：切组织块（厚3~4 mm），依组织块大小固定6~18 h，用自来水冲洗过夜或每1~2 h换水一次，共2~3次，组织保存于70%乙醇中。

备注：此液固定的组织，细胞核与细胞质的染色较清晰，也较稳定。

4. 10%甲醛溶液生理盐水固定液

NaCl	8.5 g
甲醛溶液（37%~40%甲醛）	100 mL
去离子水	900 mL

配制方法：将NaCl溶于水后，加入甲醛溶液，室温保存。

使用方法：将组织在固定液中浸10~15 min。

备注：此液实际上只有4%的甲醛。

5. PLP固定液

0.2 mol/L 赖氨酸	450 mL
0.1 mol/L PBS（pH 7.5）	450 mL
8%仲甲醛（Paraformaldehydye）	300 mL
过碘酸钠	257 g

配制方法：用蒸馏水配制0.2 mol/L赖氨酸溶液，并用0.1 mol/L Na_2HPO_4调pH至7.4；用0.1 mol/L PBS将0.1 mol/L赖氨酸溶液稀释1倍；加8%多聚甲醛水溶液。赖氨酸-PBS:多聚甲醛=3:1，赖氨酸终浓度为0.075 mol/L，仲甲醛为2%；加入固体过碘酸钠，使其为0.01 mol/L。

备注：此液常用作免疫电镜的组织固定剂。

二、染色液

1. 吖啶橙（Acridine orange）

甲液（1%柠檬酸）：

柠檬酸	1 g
去离子水	100 mL

将柠檬酸溶于水中,室温保存。

乙液(1%吖啶橙):

吖啶橙　　1 g

去离子水　　100 mL

将吖啶橙溶于水中,室温保存。

丙液(柠檬酸-磷酸盐缓冲液,pH 4.95):

0.1 mol/L 柠檬酸溶液:

0.2 柠檬酸　　19.2 g

25%甲醇溶液　　1 000 mL

0.2mol/L 磷酸氢二钠溶液:

0.3Na_2HPO_4　　28.4 g

25%甲醇溶液　　1 000 mL

配制方法:将棕檬酸和磷酸氢二钠分别溶于 25%的甲醇溶液中;两液等量混合即得 pH 4.95 柠檬酸-磷酸氢二钠缓冲液;瓶塞盖紧,室温保存。

使用方法:将盖玻片上的培养物用磷酸缓冲盐水洗 3 次;Carnoy's 固定液中固定 15 s;95%乙醇中 2 min;70%乙醇中 2 min;50%乙醇中 2 min;30%乙醇中 2 min;1%柠檬酸缓冲液泡片刻;去离子水中漂洗;转到柠檬酸-磷酸盐缓冲液(pH 4.95)中 5 min;吖啶橙溶液中染色 5 min(用 pH 4.95 的柠檬酸-磷酸盐缓冲液将吖啶橙配成 0.001%~0.01%浓度); 在缓冲液中漂洗 5 min;裱贴于载玻片上;在暗视野紫外线显微镜下观察,DNA 发黄色荧光,RNA 发火红色荧光。

备注:应用此液作细胞化学染色法,可显示 RNA 和 DNA,它能区别病毒核酸是双链(黄绿色)还是单链(橘红色)。

2. 姬姆萨染色

姬姆萨染料　　0.5 g

甘油　　33 mL

甲醇　　33 mL

配制方法：把姬姆萨染料加到甘油中，加热到 56~60℃ 1 h，保持振动；加入甲醇，室温中放置 24 h，保持摇动；用滤纸过滤，滤液即为原液；盖紧瓶塞，室温保存。

使用方法：将制备的涂片干燥，在姬姆萨固定液中固定 5 min；转到盖紧的染色缸内（在缸内事先装 1 份姬姆萨原液，加 49 份中性去离子水），把载玻片反过来以免沉淀沉积在标本上。密封，37℃培养过液；在去离子水中清漂若干次，用吸水纸吸干；放入纯乙醇中分化；用去离子水清漂一次，并使干燥；用中性香胶封固。原生小体染成紫色。

备注：几乎所有的原生小体都可用此法染色。

3. Feulgen 染色

Schiff 试剂：

碱性复红（Basic fuchsin）	1.0 g
焦亚硫钾（$K_2S_2O_5$）	20 g
活性炭	适量
1 mol/L HCl	20 mL
去离子水	200 mL

配制方法：煮沸水，加入碱性复红；冷到 50℃，用滤纸过滤；加 1 mol/L HCI，冷却到室温；加焦亚硫酸钾，放置过夜；如第二天不呈淡黄色，加入约 0.5 g 活性炭，摇动 1 min 后用滤纸过滤；保存于 4℃，此试剂一直可用到转粉红色为止。

使用方法：盖玻片上的培养细胞用磷酸缓冲液洗 3 次；Carnoy's 固定液固定 20 min；95%乙醇中 2 min；70%乙醇中 2 min；自来水中洗涤 2 min；在0.1 mol/L HCl 中 2 min；转到预先加热到 60℃的 0.1 mol/L HCI 中 10~20 min；在 0.1 mol/L HCl（室温）2 min；在自来水中很快洗涤；放到 Schiff 试剂中 30 min；在自来水中冲洗 15 min；如需要可在 0.5%光绿中复染，用自来水洗涤；70%乙醇中脱水；在 95%乙醇中很快洗 2 次；在 100%乙醇中很快洗 2 次；在二甲苯中透明；用中性香胶封固。

备注：此为 DNA 的细胞化学染色。用于细胞核和细胞核及细胞质内 DNA 包涵体的染色。核和含有 DNA 的物质染成紫红色（即 Feulgen 阳性反应）。

4. 苏木精-伊红染色

苏木精　　1 g

氧化汞　　0.5 g

乙醇　　10 mL

硫酸铝钾（或硫酸铝铵）　　20 g

去离子水　　200 mL

配制方法：在酒精内溶解苏木精，在水内溶解硫酸铝钾，加热助溶；混合苏木精和硫酸铝钾溶液，尽快煮沸；加入氧化汞，此时溶液变成深紫色；在自来水中很快冷却；滤纸过滤；装入瓶中盖紧，室温保存。

使用方法：制备涂片（或盖玻片细胞培养标本）在空气中干燥；用磷酸缓冲液洗 3 次，以去除蛋白；在 Zenker's 液中至少固定 8 h，自来水中洗 30 min；80%乙醇中脱水，转到 0.5%碘液（用 95%酒精配制）5 min，转到 0.5%硫代硫酸钠水溶液中 5 min；在自来水中洗 5 min，用苏木精染色 10 min；在稀释的氨水中分化，直到呈蓝色（约 10 min），用 0.5%伊红复染 2~5 s；在三缸 95%乙醇中脱水（即 3 次），然后很快转到二缸纯乙醇中（即 2 次）；在二甲苯中脱脂 2 次，每次 2~5 min，用中性香胶固封。

备注：此法用于观察细胞在体外感染后的一般形态。显示细胞的变化，融合细胞形成及细胞内包涵体。嗜酸性包涵体染成亮红色。

5. Castaneda 氏染色

染色：

美蓝（methylene blue）　　1 g

甲醇　　100 mL

将美蓝溶于甲醇中，瓶子盖紧，室温保存。

复染：

沙黄 0(Safranine 0)	0.2 g
去离子水	100 mL
冰醋酸	0.3 mL
去离子水	300 mL

配制方法：将沙黄 0 溶于水中；将 100 mL 沙黄 0 溶液加到 300 mL 稀释的醋酸中混匀，室温保存。

缓冲液：

KH_2PO_4	1 g
去离子水	100 mL
$Na_2HPO_4 \cdot 12H_2O$	25g
去离子水	900 mL

配制方法：将 KH_2PO_4 和 $Na_2HPO_4 \cdot 12H_2O$ 分别溶解于水中；加 100 mL KH_2PO_4 溶液到 900 mL $Na_2HPO_4 \cdot 12H_2O$ 溶液中混合；加 1 mL 甲醛溶液(40%甲醛)作为防腐剂，室温保存。

使用方法：将制备的涂片干燥；在 0.15 mL 染色液、1 mL 甲醛溶液和 20 mL 缓冲液的混合液中染色 5 min；倒掉混合液，无需洗涤；复染 2~5 s；用去离子水冲洗；使干燥，用中性香胶封固。

备注：此法染原生小体效果佳。原生小体染成深蓝色。

6. 麦氏(Mann's)染色

A 液：甲基蓝(Methy blue)	1 g
去离子水	100 mL
B 液：伊红	1 g
去离子水	100 mL

配制方法：在水中分别溶解染料；取 35 mL A 液和 35 mL B 液中混合；将混合液用去离子水加至 100 mL 即为麦氏染色液，室温保存。

使用方法：制备涂片在空气中干燥(也适用于盖玻片细胞培养标本)；用

磷酸缓冲洗涤 3 次，以去除蛋白质；在 Zenker 氏固定液中固定；在自来水中冲洗 30 min。

在麦氏染色液中染色 60 min；在含少量 $NaHCO_3$ 的纯乙醇中分化；稀醋酸中洗几秒钟；二甲苯透明，中性胶封固。

备注：此法属包涵体染色，尤其对狂犬病及其他病毒包涵体染色较佳。

7. May–Grunwald 和姬姆萨染色

A 液：May–Orunwald 染料　　1.25 g

　　纯甲醇　　100 mL

配制方法：在研钵中用少量纯甲醇将染料研磨成均匀一致的悬液；倒入烧瓶中，加入其余的纯甲醇，放在电磁搅拌器上 37℃过夜；分装成 100 mL，用前至少在 37℃保温一个月；盖紧瓶塞，室温保存。

B 液：姬姆萨染料　　0.6 g

　　甘油　　50 mL

配制方法：用甘油在研钵中研磨姬姆萨染料；全部倒入含有少量玻璃珠的烧瓶内，在 37℃振荡过夜；加入纯甲醇继续震荡直到混匀；盖紧瓶塞，室温保存，2 周后即可使用。

C 液：$NaHCO_3$　　5.6 g

　　去离子水　　100 mL

将 $NaHCO_3$ 溶于水中，盖紧瓶塞，室温保存。

使用方法：将标本用磷酸缓冲盐水漂洗 2 次，去除蛋白质；在纯甲醇中固定 3~5 min；再转到新的纯甲醇中 3~5 min；空气中干燥；用 May–Grunwald 染色液覆盖 10 min 无需洗涤，转到新鲜制备的姬姆萨染色液中 20 min（用去离子水将姬姆萨稀释 10 倍，在 100 mL 的此溶液中加 5.6%$NaHCO_3$ 4 滴）；在自来水中洗涤；在两缸丙酮中洗，每次 3 min；在两缸二甲苯中洗，每次 3 min；用中性香胶封固。细胞核染成紫红色，胞浆染成蓝色。

备注：此法对显示细胞感染后的变化效果较好。如细胞的大致变化、融合细胞形态、细胞内包涵体等，尤其是细胞质的变化，它可显示出多种颜色反应,本法适用于盖玻片培养物或其他培养物染色。

8. 结晶紫染色

1%结晶紫溶液　400 mL

甲醇　80 mL

自来水或蒸馏水　300 mL

使用方法:将单层细胞或组织薄片在染色液中浸泡 5 min,然后用清水洗涤。

备注:本法常用于单层细胞的染色,观察病毒感染后细胞病变及空斑形态、大小和数目。

第六节　分子生物学试剂的配制

一、0.5 mol/L EDTA 溶液(pH 8.0)

EDTA 二钠盐·$2H_2O$　186.1 g

去离子水　定容至 1 000 mL

配制方法:先将 EDTA 倒入 800 mL 水中,用磁力搅拌器剧烈搅拌;用 NaOH 调 pH(约 20 g 的 NaOH),定容至 1 L;分装,高压消毒灭菌。

二、5 mol/L NaCl 溶液

NaCl　292.2 g

去离子水　定容至 1 000 mL

分装,高压灭菌。

三、1 mol/L $MgCl_2$ 溶液

$MgCl_2 \cdot 6H_2O$　203.3 g

去离子水　定容至 1 000 mL

四、3 mol/L 乙酸钠（pH 5.2）

NaAc·3H_2O　　408.1 g

去离子水　　定容至 1 000 mL

配制方法：先将乙酸钠溶于 800 mL 去离子水中；用冰醋酸调 pH 到 5.2，定容至 1 L；分装，高压灭菌。

五、1 mol/L DTT（二巯苏糖醇）

DTT　　3.09 g

0.01 mol/L（pH 5.2）乙酸钠溶液　　20 mL

过滤除菌，每管 1 mL，-20℃保存。

六、β-巯基乙醇（BME）

市售 BME 原液约 14.4 mol/L，置 4℃保存于棕色瓶中。

七、10%SDS（十二烷基硫酸钠盐）

SDS　　100 g

去离子水　　定容 1 000 mL

配制方法：先将 SDS 溶于 800 mL 去离子水中；置 68℃水浴中溶解，加数滴浓盐酸调 pH 到 7.2；定容至 1000 mL，分装。

备注：称 SDS 时要戴口罩，10% SDS 不必灭菌。

八、1 mol/L 乙酸镁

Mg（Ac）2·4H_2O　　214.46 g

去离子水　　定容 1 000 mL

过滤除菌。

九、5 mol/L 乙酸铵

NH_4Ac　　385 g

去离子水　　定容 1 000 mL

过滤除菌。

十、5 mol/L 乙酸钾

60 mL 的 5 mol/L KAc 加入 11.5 mL 冰醋酸和 28.5 mL H_2O 所配成的溶液。

十一、20 倍 SCC

NaCl　　175.3 g

柠檬酸钠　　88.2 g

去离子水　　定容 1 000 mL

用适量水溶解盐类，加入几滴 10 mol/L NaOH 调 pH 至 7.0，定容，分装高压灭菌。

十二、20 倍 SSPE

NaCl　　174 g

$NaH_2PO_4 \cdot 2H_2O$　　27.5 g

去离子水　　定容 1 000 mL

适量水溶解盐类，10 mol/L NaOH（约 6.5 mL）调 pH 至 7.4，定容，分装高压灭菌。

十三、溴化乙啶（10 mg/mL）

EB　　10 mg

去离子水　　1 mL

将 EB 置 Eppendorf 管中，涡旋混合，确保完全溶解，Eppendorf 管包以锡纸，4℃保存。EB 是强诱变剂，称取时必须戴手套和口罩。

十四、100%TCA（三氯乙酸）

TCA　　500 g

去离子水　　227 mL

十五、不同 pH TE

表 13-17　不同 pH TE

溶液	Tris				pH 8.0	EDTA
	pH	pH 7.4	pH 7.6	pH 8.0		
TE	7.4	10 mmol/L			1 mmol/L	
	7.6		10 mmol/L			
	8.0		10 mmol/L			

十六、SET（或称 TNE）溶液

溶液中含 10 mmol/L pH 8.0 的 Tris-HCl，100mmol/L 的 NaCl 和 1 mmol/L pH 8.0 的 EDTA。

十七、50 倍 Denhardf 溶液

Ficoll　　5 g

聚乙烯吡咯烷酮　　5 g

牛血清白蛋白　　5 g

去离子水　　500 mL

过滤，25 mL 分装，-20℃保存。

十八、常用电泳缓冲液

1. 10 倍 TBE（Tris-硼酸盐）缓冲液

Tris 碱　　108 g

硼酸　　55 g

EDTA　　　　9.3 g

去离子水　　1 000 mL

调 pH 到 8.2。

2. 10 倍 TPE(Tris-磷酸盐)缓冲液

Tris 碱	108 g
85%磷酸	15.1 mL
pH 8,0.5 mol/L EDTA	40 mL

3. 10 倍 TAE(Tris-乙酸盐)缓冲液

Tris 碱	48.4 g
冰醋酸	11.42 mL
EDTA	9.3 g
去离子水	定容 1 000 mL

调 pH 到 8.2。

4. 0.025 mol/L Tris-0.192 mol/L 甘氨酸(Gly)缓冲液(pH 8.5)

Tris 碱	3.028 5 g
甘氨酸	14.41 g
去离子水	定容 1 000 mL

十九、常用凝胶加样缓冲液

1. 6 倍类型 1:0.25%溴酚蓝、0.25%二甲苯腈蓝、40%(W/V) 蔗糖水溶液。4℃贮存。

2. 6 倍类型 2:0.25%溴酚蓝、40%(W/V)蔗糖水溶液。4℃贮存。

3. 0.5 mol/L Tris-HCl 甘油液

Tris　3.0 g

1 mol/L HCl	24 mL
去离子水	50 mL
甘油	2.5 mL

溴酚蓝 0.1%　　10 μL

二十、制备不同浓度聚丙烯酰胺的配方

表 13-18　制备不同浓度聚丙烯酰胺的配方

试　剂	聚丙烯酰胺凝胶		
	10%	7.5%	5.0%
4×凝胶缓冲液 Tris-HCl pH 8.9	7.5 mL	7.5 mL	7.5 mL
30%丙烯酰胺(Acr:Bis=30:0.79)	10 mL	7.5 mL	5 mL
10%四甲基乙二胺(TEMED)	250 μL	200 μL	150 μL
10%过硫酸铵(AP)	250 μL	200 μL	150 μL
去离子水	12.44 mL	14.9 mL	14.7 mL
总量	30.4 mL	30.3 mL	30.2 mL

二十一、4 倍凝胶缓冲液(Tris-HCl pH 8.9)

Lmol/L HCl　　48 mL

Tris　　36.6 g

去离子水　　定容 200 mL

二十二、30%丙烯酰胺溶液

丙烯酰胺　　29 g

去离子水　　定容 100 mL

二十三、10%过硫酸铵(AP)

过硫酸铵　　1 g

去离子水　　10 mL

最好临用时配制;4℃保存一周,-20℃保存一个月。

二十四、$AgNO_3$(0.01 1 mol/L)溶液

$AgNO_3$ 1.85 g

去离子水 定容 1 000 mL

二十五、NaOH-甲醛溶液(0.75~0.1 mol/L)

NaOH 30 g

36%~38%甲醛 7.6 mL

去离子水 定容 1 000 mL

二十六、5%冰醋酸(固定液)

冰醋酸 50 mL

去离子水 950 mL

二十七、1%琼脂糖或 1%琼脂

琼脂糖(或琼脂) 1 g

电泳缓冲液 100 mL

二十八、氯仿-异戊醇(24:1)

氯仿 24 mL

异戊醇 1 mL

二十九、熏蒸饱和酚

饱和酚液 100 mL

8-羟基喹啉 0.1 g

配制方法:加热 68℃去离子水饱和熏蒸酚;加入 8-羟基喹啉(100 g 酚加 0.1 g),使酚变为黄色;用等体积 1.0 mol/L pH 8.0 Tris 缓冲液抽提,再用 0.1 mol/L pH 8.0 含 0.2%β-巯基乙醇的 Tris 缓冲液抽提数次,酚溶液的 pH

应大于 7.6。

此酚溶液在平衡缓冲液覆盖下 4℃可保存一个月;纯化和制备酚溶液都要戴手套,以免损伤皮肤。

三十、培养基

1. 液体培养基

(1)NZCYM 培养基

NZamine 10 g

NaCl 5 g

酵母膏 5 g

酪蛋白水解物 1 g

$MgSO_4 \cdot 7H_2O$ 2 g

NaOH 调 pH 到 7.5,配成 1 000 mL。

NZCYM 培养基中省去酪蛋白水解物。

(2)LB(YT)培养基

蛋白胨 10 g

酵母膏 5 g

NaCl 10 g

NaOH 调 pH 到 7.5 配成 1 000 mL。

(3)M9 培养基

Na_2HPO_4 6 g

KH_2PO_4 3 g

NaCl 0.5 g

NH4Cl 1 g

水 900 mL

调 pH 到 7.4 高压锅灭菌,凉后添加:

1 mol/L $MgSO_4$ 2 mL(单独高压锅灭菌)

20%葡萄糖　　10 mL（过滤除菌）

1 mol/L $CaCl_2$　　0.1 mL（单独高压锅灭菌）

加无菌水到 1 000 mL。

（4）M9CA 培养基

1 L M9 培养基中加入 2 g 酪蛋白水解物即为 M9CA 培养基。

（5）X1776 培养基

蛋白胨　　25 g

酵母膏　　7.5 g

1 mol/L pH 7.5 Tris-cl 20 mL　　加水 900 mL

高压锅灭菌，凉后添加：

1 mol/L $MgCl_2$　　5 mL

1%二氨基庚二酸　　10 mL

0.4%胸腺嘧啶核苷　　10 mL

20%葡萄糖　　10 mL

（$MgCl_2$ 单独高压灭菌，其余分别过滤除菌）加入无菌水到 1 000 mL。

（6）SOB 培养基

蛋白胨　　20 g

酵母膏　　5 g

NaCl　　0.5 g

加水 900 mL，KOH 调 pH 到 7.5，高压灭菌，凉后添加：1 mol/L $MgSO_4$ 20 mL 加入无菌水到 1 000 mL。

2.固体培养基

上述这些培养基中，在灭菌前加琼脂或琼脂糖便成为固体培养基；每 1 000 mL 中加入琼脂或琼脂糖：

平板琼脂培养基　　琼脂 15 g

顶层琼脂培养基　　琼脂 7 g

平板琼脂糖培养基　　琼脂糖 15 g

顶层琼脂糖培养基　　琼脂糖 7 g

说明:试剂过滤除菌可用 0.2 μm 或 0.45 μm 的滤膜滤器。

第七节　其他

一、常用消毒剂

1. 酒精。70%酒精杀菌力最强,它能使蛋白质脱水和变性,在 3~5 min 内杀死细菌。因此,它用于消毒和防腐,适用于皮肤和器械、塑料制品等的消毒。高浓度的酒精(95%~100%)能引起菌体表层蛋白质凝固,形成保护层,使酒精分子不易透入,因此杀菌能力反而弱。配方: 95%乙醇 70 mL 加水 25 mL。

2. 碘酒。碘酒是碘和碘化钾的酒精溶液,2%的碘酒在 10 min 内能杀死细菌和芽孢,可用于皮肤的消毒。配方:碘化钾 2.5 g、碘 3.5 g、95%酒精、蒸馏水 27 mL。先取碘化钾溶在 2 mL 蒸馏水中,再加入碘,搅拌后加入酒精,到碘充分溶解后,补足蒸馏水,即成碘酒。碘酊:用碘 7 g,碘化钾 5 g,溶于 100 m1 95%乙醇中。

3. 高锰酸钾。高锰酸钾是强氧化剂,有很强杀菌作用。0.1%水溶液用作皮肤消毒,2%~5%水溶液能在 24 h 内杀死细菌芽孢。溶液在空气中易分解,要现用现配。常用 1:1 000。1 g 高锰酸钾溶于 1 000 mL 水中。

4. 苯酚(石炭酸)。 石炭酸是有效的常用杀菌剂,1%水溶液能杀死大多数的菌体,通常用 3%~5%水溶液作接种室喷雾消毒或器皿的消毒,5%以上溶液对皮肤有刺激性。在生物制品中,加入 0.5%石炭酸可作防腐剂。

5. 新洁尔灭。新洁尔灭是常用的消毒剂,主要用于皮肤、医疗器械、器皿、接种室空气等的消毒灭菌,对许多非芽孢型病原菌、革兰氏阳性菌和阴性菌经几分钟接触即灭菌,尤其对革兰氏阳性菌杀菌力更大。本品原液的浓度是 5%,通常用 0.1%~0.25%水溶液。配方:5%新洁尔灭 5 mL 加水 95 mL。用新洁尔灭消毒金属器械时,要在 1 L 溶液中加入 5 g 亚硝酸钠,以防生锈。

6. 福尔马林。常用的杀细菌、真菌剂。2%~5%水溶液能在 24 h 内杀死细菌和芽孢，常用来消毒器皿和器具。如果用作无菌室等房屋消毒，取 100 mL 福尔马林，放在盆内，用小火微热，促使蒸发，在 10 h 内可消毒 3 m^3 左右体积房屋的空气。

7. 升汞水溶液。常用 0.1%。升汞 1 g，盐酸 2.5 mL 混合后加水 997.5 mL。

8. 漂白粉。常用 10%。10 g 漂白粉加水 100 mL。

9. 双氧水。常用 1:1。5 mL 双氧水加 5 mL 水。

10. 来苏儿。常用 2%。50%来苏儿 4 mL 加水 96 mL。

11. 石灰。石灰是一种价廉易得的良好消毒药，其干粉无杀菌作用，加水生成氢氧化钙后有杀菌作用。1%的石灰水，在数小时内可杀死普通繁殖型细菌；3%的石灰水，经过 1 h 可杀死禽沙门氏菌。石灰为养禽场(户)的常用消毒防腐药物，可预防多种传染病和某些寄生虫病。使用方法有两种：①石灰 20 份，加水到 100 份，搅匀，制成石灰乳，涂刷禽舍的墙壁，必须现用现配；②用 20%的石灰乳浸湿草包或麻袋，放入禽舍门口，让人员来往践踏，消毒鞋底，这可预防由出入人员携带来的病菌而引起的疾病。有的采用撒干石灰粉的办法，但只能引人注目，不起消毒作用。

12. 草木灰。草木灰含有氢氧化钾和碳酸钾等化学成分。其 30%的水溶液可杀死繁殖型细菌和病毒，常用于某些细菌性和病毒性传染病的消毒，如鸡白痢、鸡新城疫、禽霍乱、鸭瘟等。用法：新鲜草木灰按 30%的比例与水配合，放锅内煮沸 1 h，滤渣，加水至 30%的浓度，再加热至 70℃，趁热应用。一般用其消毒养禽场、肉联厂等地面、饲槽、台板、木制用具。运禽车辆等。应用时注意：①加热后应用，可提高消毒效果。②加入 10%食盐，可增强消毒效果。③对皮肤和器官有灼伤作用，不可用作禽体消毒；消毒时，应将禽赶至舍外。操作人员要注意防护，以免受到灼伤。④本药对纺织品、铝制品有腐蚀作用，此类用品不可用本药消毒。⑤为防止车辆受损害，用本药物消毒后 6~12 h，应用清水将消毒液彻底冲洗掉。

13. 烧碱。氢氧化钠是一种很有效的消毒剂，其 2%~4%的溶液，可杀死繁殖型细菌和病毒；5%~10%的溶液，24 h 可杀死结核杆菌。其消毒作用和使用时注意事项与草木灰相同。

14. 碱面。其化学名称为碳酸钠，在高温水溶液中可分解生成氢氧化钠和碳酸氢钠，呈现杀菌作用。20%的溶液，在 35℃的环境中，30 min 可杀死沙门氏菌。如升高至 50℃，1 min 即可杀死沙门氏菌，应用时，常配成 4%的热水溶液，浸泡消毒被沙门氏菌和病毒污染的衣物；或洗刷消毒被病原微生物污染的病禽用具、饲养用具、运禽车船和病禽停留场地。此外，用 1%的溶液，煮沸消毒外科器械，可增强消毒作用，并有去污、防锈等作用。

15. 食醋。其作用与乳酸相似，无乳酸时可作乳酸的代用品，作熏蒸消毒之用。方法：每立方米空间用 10 mL 食醋，加 1 L 水稀释，置于容器中加热蒸发，以其蒸汽进行熏蒸消毒。熏时紧闭门窗，熏完后不必大开门窗驱除残汽。熏时，人和家禽不必离去，对人有益无害。此法适用于鸡喉气管炎、鸡支气管炎、鸡支原体病等。另外，初生雏鸡每天饮服 1 份食醋、20 份水配成的醋水，可预防白痢病。

二、封片剂

1. 加拿大树胶。加拿大树胶是半透明的固体树脂，能溶于二甲苯、苯等溶剂。加拿大树胶溶于二甲苯后，它的折光率是 1.52，接近于玻璃的折光率（1.51），透明度很好，用以封片几乎无色，干后坚硬牢固，可长期保存。因此，它是封片常用的封藏剂。市售的加拿大树脂有浓液体和固体两种。如果是固体，可以在树胶中加入约相当于树胶体积一半量的二甲苯，放在温暖处，时常搅拌，促使树胶溶化。溶化后的胶液浓度以胶液能沿玻璃棒一端顺利下流为宜（如果要封藏后使它干燥更快，可用苯代替二甲苯）。

加拿大树胶在使用和贮存时应注意：①不能加热，否则树胶立即变成深褐色，影响封片后的观察；②树胶应贮存在棕色瓶内，避光保存；③玻璃瓶口应密闭，以防蒸发凝固；④为了防止树胶变酸，在树胶内加入几小块用二甲苯清洗过的大理石，以中和酸性。

2. 阿拉伯树胶。用阿拉伯树胶作为封藏剂的优点是便于在这种封藏剂中整理标本形态。阿拉伯树胶作为封藏剂有多种配方，下述配方适于小型昆虫的整体装片。配方：阿拉伯树胶 8 g，水合氯醛 20~40 g，甘油 5 mL，冰醋酸 3 mL（可略），蒸馏水 10 mL。配置方法：先把纯净的阿拉伯树胶放在蒸馏水里，加热，待胶溶化后，加入水合氯醛，边加边搅拌，使它充分溶解后加入甘油和冰醋酸，搅拌均匀后，贮存在瓶里，密闭保存。贮存时要避免灰尘或湿气浸入。

3. 乳酸–石炭酸。这种封藏剂用于整体装片，尤其适用于封藏藻类、菌类、苔藓的原叶体或其他较小材料。配方：乳酸 1 份，甘油 1~2 份，蒸馏水 1 份，石炭酸 1 份。

参考文献

[1] 徐百万. 动物疫病监测技术手册[M]. 北京:中国农业出版社,2010.

[2] 王进香. 动物疫病实验室检验技术[M]. 银川:宁夏人民出版社,2008.

[3] 陈继明. 重大动物疫病监测指南 [M]. 北京: 中国农业科学技术出版社, 2012.

[4] 王世若. 兽医微生物学及免疫学[M]. 长春:吉林科学技术出版社,1990.

[5] 蔡宝祥. 动物传染病诊断学[M]. 南京:江苏科学技术出版社,1993.

[6] 廖延雄. 兽医微生物实验诊断手册[M]. 北京:中国农业出版社,1995.

[7] 殷震等. 动物病毒学(第二版)[M]. 北京:科学出版社,1997.

[8] 于大海. 中国进出境动物检疫规范[M]. 北京:中国农业出版社,1997.

[9] 孔繁瑶. 家畜寄生虫学(第二版)[M]. 北京:中国农业大学出版社,1997.

[10] 徐百万. 兽医诊断实验室的建设与管理[M]. 北京:时事出版社,2002.

[11] 王俊东. 兽医药实验室检验技术[M]. 北京:中国农业出版社,2005.

[12] 李金明. 临床酶免疫测定技术[M]. 北京:人民军医出版社,2005.

附录1

动物病原微生物菌(毒)种保藏管理办法

(2008年11月4日农业部令第16号公布,农业部令2016年第3号修订)

第一章 总 则

第一条 为了加强动物病原微生物菌(毒)种和样本保藏管理,依据《中华人民共和国动物防疫法》《病原微生物实验室生物安全管理条例》和《兽药管理条例》等法律法规,制定本办法。

第二条 本办法适用于中华人民共和国境内菌(毒)种和样本的保藏活动及其监督管理。

第三条 本办法所称菌(毒)种,是指具有保藏价值的动物细菌、真菌、放线菌、衣原体、支原体、立克次氏体、螺旋体、病毒等微生物。

本办法所称样本,是指人工采集的、经鉴定具有保藏价值的含有动物病原微生物的体液、组织、排泄物、分泌物、污染物等物质。

本办法所称保藏机构,是指承担菌(毒)种和样本保藏任务,并向合法从事动物病原微生物相关活动的实验室或者兽用生物制品企业提供菌(毒)种或者样本的单位。

菌(毒)种和样本的分类按照《动物病原微生物分类名录》的规定执行。

第四条 农业部主管全国菌(毒)种和样本保藏管理工作。

县级以上地方人民政府兽医主管部门负责本行政区域内的菌(毒)种和样本保藏监督管理工作。

第五条 国家对实验活动用菌(毒)种和样本实行集中保藏,保藏机构以外的任何单位和个人不得保藏菌(毒)种或者样本。

第二章　保藏机构

第六条　保藏机构分为国家级保藏中心和省级保藏中心。保藏机构由农业部指定。

保藏机构保藏的菌(毒)种和样本的种类由农业部核定。

第七条　保藏机构应当具备以下条件：

(一)符合国家关于保藏机构设立的整体布局和实际需要；

(二)有满足菌(毒)种和样本保藏需要的设施设备;保藏高致病性动物病原微生物菌(毒)种或者样本的,应当具有相应级别的高等级生物安全实验室,并依法取得高致病性动物病原微生物实验室资格证书；

(三)有满足保藏工作要求的工作人员；

(四)有完善的菌(毒)种和样本保管制度、安全保卫制度；

(五)有满足保藏活动需要的经费。

第八条　保藏机构的职责：

(一)负责菌(毒)种和样本的收集、筛选、分析、鉴定和保藏；

(二)开展菌(毒)种和样本的分类与保藏新方法、新技术研究；

(三)建立菌(毒)种和样本数据库；

(四)向合法从事动物病原微生物实验活动的实验室或者兽用生物制品生产企业提供菌(毒)种或者样本。

第三章　菌(毒)种和样本的收集

第九条　从事动物疫情监测、疫病诊断、检验检疫和疫病研究等活动的单位和个人,应当及时将研究、教学、检测、诊断等实验活动中获得的具有保藏价值的菌(毒)种和样本,送交保藏机构鉴定和保藏,并提交菌(毒)种和样本的背景资料。

保藏机构可以向国内有关单位和个人索取需要保藏的菌（毒）种和样本。

第十条　保藏机构应当向提供菌（毒）种和样本的单位和个人出具接收证明。

第十一条　保藏机构应当在每年年底前将保藏的菌（毒）种和样本的种类、数量报农业部。

第四章　菌（毒）种和样本的保藏、供应

第十二条　保藏机构应当设专库保藏一、二类菌（毒）种和样本，设专柜保藏三、四类菌（毒）种和样本。

保藏机构保藏的菌（毒）种和样本应当分类存放，实行双人双锁管理。

第十三条　保藏机构应当建立完善的技术资料档案，详细记录所保藏的菌（毒）种，样本的名称、编号、数量、来源，病原微生物类别、主要特性、保存方法等情况。

技术资料档案应当永久保存。

第十四条　保藏机构应当对保藏的菌（毒）种按时鉴定、复壮，妥善保藏，避免失活。

保藏机构对保藏的菌（毒）种开展鉴定、复壮的，应当按照规定在相应级别的生物安全实验室进行。

第十五条　保藏机构应当制定实验室安全事故处理应急预案。发生保藏的菌（毒）种或者样本被盗、被抢、丢失、泄漏和实验室人员感染的，应当按照《病原微生物实验室生物安全管理条例》的规定及时报告、启动预案，并采取相应的处理措施。

第十六条　实验室和兽用生物制品生产企业需要使用菌（毒）种或者样本的，应当向保藏机构提出申请。

第十七条 保藏机构应当按照以下规定提供菌(毒)种或者样本：

(一)提供高致病性动物病原微生物菌(毒)种或者样本的,查验从事高致病性动物病原微生物相关实验活动的批准文件；

(二)提供兽用生物制品生产和检验用菌(毒)种或者样本的,查验兽药生产批准文号文件；

(三)提供三、四类菌(毒)种或者样本的,查验实验室所在单位出具的证明。

保藏机构应当留存前款规定的证明文件的原件或者复印件。

第十八条 保藏机构提供菌(毒)种或者样本时,应当进行登记,详细记录所提供的菌(毒)种或者样本的名称、数量、时间以及发放人、领取人、使用单位名称等。

第十九条 保藏机构应当对具有知识产权的菌(毒)种承担相应的保密责任。

保藏机构提供具有知识产权的菌(毒)种或者样本的,应当经原提供者或者持有人的书面同意。

第二十条 保藏机构提供的菌(毒)种或者样本应当附有标签,标明菌(毒)种名称、编号、移植和冻干日期等。

第二十一条 保藏机构保藏菌(毒)种或者样本所需费用由同级财政在单位预算中予以保障。

第五章 菌(毒)种和样本的销毁

第二十二条 有下列情形之一的,保藏机构应当组织专家论证,提出销毁菌(毒)种或者样本的建议：

(一)国家规定应当销毁的；

(二)有证据表明已丧失生物活性或者被污染,已不适于继续使用的；

(三)无继续保藏价值的。

第二十三条 保藏机构销毁一、二类菌(毒)种和样本的,应当经农业部批准;销毁三、四类菌(毒)种和样本的,应当经保藏机构负责人批准,并报农业部备案。

保藏机构销毁菌(毒)种和样本的,应当在实施销毁30日前书面告知原提供者。

第二十四条 保藏机构销毁菌(毒)种和样本的,应当制定销毁方案,注明销毁的原因、品种、数量,以及销毁方式方法、时间、地点、实施人和监督人等。

第二十五条 保藏机构销毁菌(毒)种和样本时,应当使用可靠的销毁设施和销毁方法,必要时应当组织开展灭活效果验证和风险评估。

第二十六条 保藏机构销毁菌(毒)种和样本的,应当做好销毁记录,经销毁实施人、监督人签字后存档,并将销毁情况报农业部。

第二十七条 实验室在相关实验活动结束后,应当按照规定及时将菌(毒)种和样本就地销毁或者送交保藏机构保管。

第六章 菌(毒)种和样本的对外交流

第二十八条 国家对菌(毒)种和样本对外交流实行认定审批制度。

第二十九条 "从国外引进和向国外提供菌(毒)种或者样本的,应当报农业部批准。"

第三十条 从国外引进菌(毒)种或者样本的单位,应当在引进菌(毒)种或者样本后6个月内,将备份及其背景资料,送交保藏机构。

引进单位应当在相关活动结束后,及时将菌(毒)种和样本就地销毁。

第三十一条 出口《生物两用品及相关设备和技术出口管制清单》所列的菌(毒)种或者样本的,还应当按照《生物两用品及相关设备和技术出口管制条例》的规定取得生物两用品及相关设备和技术出口许可证件。

第七章　罚则

第三十二条　违反本办法规定,保藏或者提供菌(毒)种或者样本的,由县级以上地方人民政府兽医主管部门责令其将菌(毒)种或者样本销毁或者送交保藏机构;拒不销毁或者送交的,对单位处一万元以上三万元以下罚款,对个人处五百元以上一千元以下罚款。

第三十三条　违反本办法规定,未及时向保藏机构提供菌(毒)种或者样本的,由县级以上地方人民政府兽医主管部门责令改正;拒不改正的,对单位处一万元以上三万元以下罚款,对个人处五百元以上一千元以下罚款。

第三十四条　违反本办法规定,未经农业部批准,从国外引进或者向国外提供菌(毒)种或者样本的,由县级以上地方人民政府兽医主管部门责令其将菌(毒)种或者样本销毁或者送交保藏机构,并对单位处一万元以上三万元以下罚款,对个人处五百元以上一千元以下罚款。

第三十五条　保藏机构违反本办法规定的,由农业部责令改正;情节严重的,取消保藏机构资格。

第八章　附则

第三十六条　本办法自 2009 年 1 月 1 日起施行。1980 年 11 月 25 日农业部发布的《兽医微生物菌种保藏管理试行办法》(农〔牧〕字第 181 号)同时废止。

附录2

高致病性动物病原微生物菌(毒)种或者样本运输包装规范

(2005年5月24日农业部公告第503号)

运输高致病性动物病原微生物菌(毒)种或者样本的,其包装应当符合以下要求:

一、内包装

(一)必须是不透水、防泄漏的主容器,保证完全密封;

(二)必须是结实、不透水和防泄漏的辅助包装;

(三)必须在主容器和辅助包装之间填充吸附材料。吸附材料必须充足,能够吸收所有的内装物。多个主容器装入一个辅助包装时,必须将它们分别包装。

(四)主容器的表面贴上标签,表明菌(毒)种或样本类别、编号、名称、数量等信息。

(五)相关文件,例如菌(毒)种或样本数量表格、危险性声明、信件、菌(毒)种或样本鉴定资料、发送者和接收者的信息等应当放入一个防水的袋中,并贴在辅助包装的外面。

二、外包装

(一)外包装的强度应当充分满足对于其容器、重量及预期使用方式的要求;

(二)外包装应当印上生物危险标识并标注"高致病性动物病原微生物,非专业人员严禁拆开!"的警告语。

注:生物危险标识如下图:

三、包装要求

(一)冻干样本

主容器必须是火焰封口的玻璃安瓿或者是用金属封口的胶塞玻璃瓶。

(二)液体或者固体样本

1. 在环境温度或者较高温度下运输的样本:只能用玻璃、金属或者塑料容器作为主容器,向容器中罐装液体时须保留足够的剩余空间,同时采用可靠的防漏封口,如热封、带缘的塞子或者金属卷边封口。如果使用旋盖,必须用胶带加固。

2. 在制冷或者冷冻条件下运输的样本:冰、干冰或者其他冷冻剂必须放在辅助包装周围,或者按照规定放在由一个或者多个完整包装件组成的合成包装件中。内部要有支撑物,当冰或者干冰消耗掉以后,仍可以把辅助包装固定在原位置上。如果使用冰,包装必须不透水;如果使用干冰,外包装必须能排出二氧化碳气体;如果使用冷冻剂,主容器和辅助包装必须保持良好的性能,在冷冻剂消耗完以后,应仍能承受运输中的温度和压力。

四、民用航空运输特殊要求

通过民用航空运输的,应当符合《中国民用航空危险品运输管理规定》(CCAR276)和国际民航组织文件 Doc9284《危险物品航空安全运输技术细则》中的有关包装要求。

附录3

中国民用航空局关于运输动物菌毒种样本病料等有关事宜的通知

（局发明电〔2008〕4487 号）

为做好重大动物疫病的检测诊断和菌（毒）种保藏工作，各地兽医部门需要通过航空运输方式将动物病原微生物菌（毒）种或者样本以及动物病料（以下简称“菌毒种和样本及动物病料”）送至有关实验室检测。为做好菌毒种和样本及动物病料的运输工作，确保航空运输安全，按照《动物防疫法》和《病原微生物实验室生物安全管理条例》的规定，经研究，制定以下运输方案：

1. 菌毒种和样本及动物病料必须作为货物进行航空运输，禁止随身携带或作为托运行李或邮件进行运输。菌毒种和样本及动物病料的航空运输需符合《中国民用航空危险品运输管理规定》（CCAR-276 部，以下简称“CCAR-276 部”）和国际民航组织《危险品安全航空运输技术细则》（ICAODoc9284AN/905，以下简称《技术细则》）的要求。

2. 菌毒种和样本及动物病料的托运人或其代理人必须接受符合 CCAR-276 部和《技术细则》要求的危险品航空运输训练，并持有有效证书。目前，农业部及各省兽医部门已派员完成危险品航空运输训练，具体人员名单及联系电话见附件 3。

3. 菌毒种和样本及动物病料的托运手续必须符合国务院《病原微生物实验室生物安全管理条例》（国务院第 424 号令）、农业部《高致病性动物病原微生物实验室生物安全管理审批办法》（农业部第 52 号令）以及《动物病原微生物分类名录》(农业部第 53 号令)的规定。跨省、自治区、直辖市或向境外运输动物病原微生物菌(毒)种或者样本时,托运人需持有农业部颁发的动物病原微生物菌(毒)种或样本及动物病料准运证书(样本见附件 1)。运输动物病料或在省、自治区、直辖市人民政府行政区域内运输动物病原微生物菌(毒)种或者样本时,托运人需持有出发地省、自治区、直辖市人民政府兽医行政管理部门(名单见附件 4)颁发的动物病原微生物菌(毒)种或样本及动物病料准运证书。对于出入境菌毒种和样本及动物病料的运输,需由出入境检验检疫机构进行检疫。

4. 菌毒种和样本及动物病料必须由已获得局方颁发的危险品航空运输许可的航空公司进行运输。对于运输航空公司尚未获得危险品运输许可的航点, 运输航空公司可向地区管理局申请危险品航空运输临时许可,通过特殊安排或派有资质的人员赴始发站办理收运等方法,在托运方满足上述第二、第三条的基础上进行航空运输,其间产生的费用由货物托运方承担。

5. 菌毒种和样本及动物病料的包装需符合国际民航组织《技术细则》以及农业部《高致病性病原微生物菌(毒)种或者样本运输包装规范》(农业部公告第 503 号)的要求,同时必须符合国家质量监督检验检疫部门的要求或附有进口包装材料符合国际标准的有关证明文件。

6. 民航各单位应制定航空运输感染性物质的应急处置程序。菌毒种和样本及动物病料如在运输过程中出现紧急情况, 应及时与运输申请单位及机场所在地的省、自治区、直辖市人民政府兽医行政管理部门联系,机场应急部门、航空公司危险品运输管理部门和民航各地区管理局(含各监管办)危险品空运主管部门应积极提供相关协助。

动物病原微生物菌(毒)种或样本及动物病料准运证书

菌(毒)种或样本及病料	名　称	总数量	每包装容量	包装数量	样品状态
菌(毒)种或样本及病料来源					
分类及UN编号			运输目的		
主容器		辅助容器		填充物	
外包装			制冷剂名称与数量		
拆检注意事项					
运输次数及运输日期					
运输起点					
运输终点					
运输申请单位	名　称				
	地　址				
	联系人			电　话	
接收单位	名　称				
	地　址				
	联系人			电　话	
运输方式					
批准单位	公章 年　月　日				

动物病原微生物的分类及 UN 编码

序号	动物病原微生物名称	危害程度分类	UN 编码
1	口蹄疫病毒(仅培养物)	第一类	UN2900
2	高致病性禽流感病毒(仅培养物)	第一类	UN2814
3	猪水泡病病毒(仅培养物)	第一类	UN2900
4	非洲猪瘟病毒	第一类	UN2900
5	非洲马瘟病毒	第一类	UN2900
6	牛瘟病毒	第一类	UN2900
7	小反刍兽疫病毒	第一类	UN2900
8	牛传染性胸膜肺炎丝状支原体	第一类	UN2900
9	牛海绵状脑病病原	第一类	UN3373
10	痒病病原	第一类	UN3373
11	猪瘟病毒(仅培养物)	第二类	UN2900
12	鸡新城疫病毒(仅培养物)	第二类	UN2900
13	狂犬病病毒(仅培养物)	第二类	UN2814
14	绵羊痘/山羊痘病毒(仅培养物)	第二类	UN2900
15	蓝舌病病毒(仅培养物)	第二类	UN2900
16	兔病毒性出血症病毒(仅培养物)	第二类	UN2900
17	炭疽芽孢杆菌(仅培养物)	第二类	UN2814
18	布氏杆菌(仅培养物)	第二类	UN2814
19	低致病性禽流感病毒	第三类	UN3373
20	伪狂犬病病毒	第三类	UN3373
21	破伤风梭菌(仅培养物)	第三类	UN3373
22	气肿疽梭菌(仅培养物)	第三类	UN2900
23	结核分支杆菌(仅培养物)	第三类	UN2814
24	副结核分支杆菌	第三类	UN3373
25	致病性大肠杆菌(O157)(仅培养物)	第三类	UN2814

续表

序号	动物病原微生物名称	危害程度分类	UN 编码
26	沙门氏菌(仅培养物)	第三类	UN3373
27	巴氏杆菌	第三类	UN3373
28	致病性链球菌(仅培养物)	第三类	UN2814
29	李氏杆菌(仅培养物)	第三类	UN2814
30	产气荚膜梭菌	第三类	UN3373
31	嗜水气单胞菌	第三类	UN3373
32	肉毒梭状芽孢杆菌(仅培养物)	第三类	UN2814
33	腐败梭菌和其他致病性梭菌	第三类	UN3373
34	鹦鹉热衣原体	第三类	UN2814
35	放线菌	第三类	UN3373
36	钩端螺旋体(仅培养物)	第三类	UN3373
37	牛恶性卡他热病毒	第三类	UN3373
38	牛白血病病毒	第三类	UN3373
39	牛流行热病毒	第三类	UN3373
40	牛传染性鼻气管炎病毒	第三类	UN3373
41	牛病毒性腹泻/黏膜病病毒	第三类	UN3373
42	牛生殖器弯曲杆菌	第三类	UN3373
43	日本血吸虫(仅虫体)	第三类	UN3373
44	山羊关节炎/脑脊髓炎病毒	第三类	UN3373
45	梅迪/维斯纳病病毒	第三类	UN3373
46	传染性脓疱皮炎病毒	第三类	UN3373
47	日本脑炎病毒(仅培养物)	第三类	UN2814
48	猪繁殖与呼吸综合征病毒	第三类	UN3373
49	猪细小病毒	第三类	UN3373
50	猪圆环病毒	第三类	UN3373

续表

序号	动物病原微生物名称	危害程度分类	UN 编码
51	猪流行性腹泻病毒	第三类	UN3373
52	猪传染性胃肠炎病毒	第三类	UN3373
53	猪丹毒杆菌	第三类	UN3373
54	猪支气管败血波氏杆菌	第三类	UN3373
55	猪胸膜肺炎放线杆菌	第三类	UN3373
56	副猪嗜血杆菌	第三类	UN3373
57	猪肺炎支原体	第三类	UN3373
58	猪密螺旋体	第三类	UN3373
59	马传染性贫血病毒	第三类	UN3373
60	马动脉炎病毒	第三类	UN3373
61	马病毒性流产病毒	第三类	UN3373
62	马鼻炎病毒	第三类	UN3373
63	鼻疽假单胞菌(仅培养物)	第三类	UN2814
64	类鼻疽假单胞菌(仅培养物)	第三类	UN2814
65	假皮疽组织胞浆菌	第三类	UN3373
66	溃疡性淋巴管炎假结核棒状杆菌	第三类	UN3373
67	鸭瘟病毒	第三类	UN3373
68	鸭病毒性肝炎病毒	第三类	UN3373
69	小鹅瘟病毒	第三类	UN3373
70	鸡传染性法氏囊病病毒	第三类	UN3373
71	鸡马立克氏病病毒	第三类	UN3373
72	禽白血病/肉瘤病毒	第三类	UN3373
73	禽网状内皮组织增殖病病毒	第三类	UN3373
74	鸡传染性贫血病毒	第三类	UN3373
75	鸡传染性喉气管炎病毒	第三类	UN3373

续表

序号	动物病原微生物名称	危害程度分类	UN 编码
76	鸡传染性支气管炎病毒	第三类	UN3373
77	鸡减蛋综合征病毒	第三类	UN3373
78	禽痘病毒	第三类	UN3373
79	鸡病毒性关节炎病毒	第三类	UN3373
80	禽传染性脑脊髓炎病毒	第三类	UN3373
81	副鸡嗜血杆菌	第三类	UN3373
82	鸡毒支原体	第三类	UN3373
83	鸡球虫	第三类	UN3373
84	兔黏液瘤病病毒	第三类	UN3373
85	野兔热土拉杆菌	第三类	UN3373
86	兔支气管败血波氏杆菌	第三类	UN3373
87	兔球虫	第三类	UN3373
88	流行性造血器官坏死病毒	第三类	UN3373
89	传染性造血器官坏死病毒	第三类	UN3373
90	马苏大马哈鱼病毒	第三类	UN3373
91	病毒性出血性败血症病毒	第三类	UN3373
92	锦鲤疱疹病毒	第三类	UN3373
93	斑点叉尾鮰病毒	第三类	UN3373
94	病毒性脑病和视网膜病毒	第三类	UN3373
95	传染性胰脏坏死病毒	第三类	UN3373
96	真鲷虹彩病毒	第三类	UN3373
97	白鲟虹彩病毒	第三类	UN3373
98	中肠腺坏死杆状病毒	第三类	UN3373
99	传染性皮下和造血器官坏死病毒	第三类	UN3373
100	核多角体杆状病毒	第三类	UN3373

续表

序号	动物病原微生物名称	危害程度分类	UN 编码
101	虾产卵死亡综合征病毒	第三类	UN3373
102	鳖鳃腺炎病毒	第三类	UN3373
103	Taura 综合征病毒	第三类	UN3373
104	对虾白斑综合征病毒	第三类	UN3373
105	黄头病病毒	第三类	UN3373
106	草鱼出血病毒	第三类	UN3373
107	鲤春病毒血症病毒	第三类	UN3373
108	鲍球形病毒	第三类	UN3373
109	鲑鱼传染性贫血病毒	第三类	UN3373
110	美洲幼虫腐臭病幼虫杆菌	第三类	UN3373
111	欧洲幼虫腐臭病蜂房蜜蜂球菌	第三类	UN3373
112	白垩病蜂球囊菌	第三类	UN3373
113	蜜蜂微孢子虫	第三类	UN3373
114	跗腺螨	第三类	UN3373
115	雅氏大蜂螨	第三类	UN3373
116	犬瘟热病毒	第三类	UN3373
117	犬细小病毒	第三类	UN3373
118	犬腺病毒	第三类	UN3373
119	犬冠状病毒	第三类	UN3373
120	犬副流感病毒	第三类	UN3373
121	猫泛白细胞减少综合症病毒	第三类	UN3373
122	水貂阿留申病病毒	第三类	UN3373
123	水貂病毒性肠炎病毒	第三类	UN3373
124	本表第 1~123 项以外的动物病原微生物	第四类	UN3373
125	未确诊的动物病料		UN3373

备注：若表中未注明“仅培养物”，则包括涉及该病毒的所有材料；对于注明“仅培养物”的感染性物质，则病毒培养物按表中规定的包装，其他标本按 UN3373 要求进行包装。

附录 4

兽医诊断样品采集、保存与运输技术规范

ISC 11.220
B 41

中华人民共和国农业行业标准

NY/T 541—2016
代替 NY/T 541—2002

兽医诊断样品采集、保存与运输技术规范

Technical specifications for collection, storage and transportation of veterinary diagnostic specimens

2016-10-26 发布

2017-04-01 实施

中华人民共和国农业部 发布

前　　言

本标准按照GB/T 1.1—2009给出的规则起草。

本标准代替NY/T 541—2002《动物疫病实验室检验采样方法》。与NY/T 541—2002相比,除编辑性修改外,主要技术变化如下:

——补充了该标准相关的规范性引用文件;

——补充了动物疫病实验室检验样品、采样、抽样单元、随机抽样等术语和定义;

——对样品采样的基本原则进行了梳理归类，细化和完善了采样的基本原则;

——补充了原标准NY/T 541—2002未涵盖实验室检测样品(环境和饲料样品、脱纤血样品、扁桃体、牛羊O-P液,肠道组织样品、鼻液、唾液等)的采集规定,补充细化了常见畜禽的采血方法,克服了部分标题用词不准确和规定相对笼统的问题;

——细化和完善了样品的包装、保存和运送环节,增强了标准的可操作性、实用性。

本标准由农业部兽医局提出。

本标准由全国动物卫生标准经技术委员会(SAC/TC 181)归口。

本标准起草单位:中国动物卫生与流行病学中心、青岛农业大学。

本标准主要起草人:曲志娜、刘焕奇、孙淑芳、赵思俊、姜雯、王娟、曹旭敏、宋时萍。

本标准的历次版本发布情况为:

——NY/T 541—2002。

兽医诊断样品采集、保存与运输技术规范

1　范围

本标准规定了兽医诊断用样品的采集、保存与运输的技术规范和要求，包括采样基本原则、采样前准备、样品采集与处理方法、样品保存包装与废弃物处理、采样记录和样品运输等。

本标准适用于兽医诊断、疫情监测、畜禽疫病防控和免疫效果评估及卫生认证等动物疫病实验室样品的采集、保存和运输。

2　规范性引用文件

下列文件对于本文件的应用是必不可少的。凡是注日期的引用文件，仅注日期的版本适用于本文件。凡是不注日期的引用文件，其最新版本（包括所有的修改单）适用于本文件。

GB 16548　病害动物和病害动物产品生物安全处理规程

GB/T 16550—2008　新城疫诊断技术

GB/T 16551—2008　猪瘟诊断技术

GB/T 18935—2003　口蹄疫诊断技术

GB/T 18936—2003　高致病性禽流感诊断技术

NY/T 561—2015　动物炭疽诊断技术

中华人民共和国国务院令第424号　病原微生物实验室生物安全管理条例

中华人民共和国农业部公告第302号　兽医实验室生物安全技术管理规范

中华人民共和国农业部公告第503号　高致病性动物病原微生物菌(毒)种或者样本运输包装规范

3　术语和定义

下列术语和定义适用于本文件。

3.1　样品　specimen

取自动物或环境,拟通过检验反映动物个体、群体或环境有关状况的材料或物品。

3.2　采样　sample

按照规定的程序和要求,从动物或环境取得一定量的样本,并经过适当的处理,留做待检样品的过程。

3.3　抽样单元　sampling unin

同一饲养地、同一饲养条件下的畜禽个体或群体。

3.4　随机抽样　random sampling

按照随机化的原则(总体中每一个观察单位都有同等的机会被选入到样本中),从总体中抽取部分观察单位的过程。

3.5　灭菌　sterilization

应用物理或化学方法杀灭物体上所有病原微生物、非病原微生物和芽孢的方法。

4　采样原则

4.1　先排除后采样

凡发现急性死亡的动物,怀疑患有炭疽时,不得解剖。应先按NY/T 561—2015中2.1.2的规定采集血样,进行血液抹片镜检。确定不是炭疽后,方可解剖采样。

4.2　合理选择采样方法

4.2.1　应根据采样的目的、内容和要求合理选择样品采集的种类、数量、部位与抽样方法。样品数量应满足流行病学调查和生物统计学的要求。

4.2.2　诊断或被动监测时，应选择症状典型或病变明显或有患病征兆的畜禽、疑似污染物；在无法确定病因时，采样种类应尽量全面。

4.2.3　主动监测时，应根据畜禽日龄、季节、周边疫情情况估计其流行率，确定抽样单元。在抽样单元内，应遵循随机取样原则。

4.3　采样时限

采集死亡动物的病料，应于动物死亡后 2 h 内采集。无法完成时，夏天不得超过 6 h，冬天不得超过 24 h。

4.4　无菌操作

采样过程应注意无菌操作，刀、剪、镊子、器皿、注射器、针头等采样用具应事先严格灭菌，每种样品应单独采集。

4.5　尽量减少应激和损害

活体动物采样时，应避免过度刺激或损害动物；也应避免对采样者造成危害。

4.6　生物安全防护

采样人员应加强个人防护，严格遵守生物安全操作的相关规定，严防人兽共患病感染；同时，应做好环境消毒以及动物或组织的无害化处理，避免污染环境，防止疫病传播。

5　采样前准备

5.1　采样人员

采样人员应熟悉动物防疫的有关法律规定，具有一定的专业技术知识，熟练掌握采样工作程序和采样操作技术。采样前，应做好个人安全防护准备（穿戴手套、口罩、一次性防护服、鞋套等，必要时戴护目镜或面罩）。

5.2 采样工具和器械

5.2.1 应根据所采集样品种类和数量的需要，选择不同的采样工具、器械及容器等，并进行适量包装。

5.2.2 取样工具和盛样器具应洁净、干燥，且应做灭菌处理：

a）刀、剪、镊子、穿刺针等用具应经高压蒸汽（103.43 kPa）或煮沸灭菌30 min，临用时用75%酒精擦拭或进行火焰灭菌处理；

b）器皿（玻制、陶制等）应经高压蒸汽（103.43 kPa）30 min或经160℃干烤2 h灭菌；或置于1%~2%碳酸氢钠水溶液中煮沸10~15 min后，再用无菌纱布擦干，无菌保存备用；

c）注射器和针头应放于清洁水中煮沸30 mm，无菌保存备用；也可使用一次性针头和注射器。

5.3 保存液

应根据所采样品的种类和要求，准备不同类型并分装成适量的保存液，如PBS缓冲液、30%甘油磷酸盐缓冲液、灭菌肉汤（pH 7.2~7.4）和运输培养基等。

6 样品采集与处理

6.1 血样

6.1.1 采血部位

6.1.1.1 应根据动物种类确定采血部位。对大型哺乳动物，可选择颈静脉、耳静脉或尾静脉采血，也可用肱静脉或乳房静脉；毛皮动物，少量采血可穿刺耳尖或耳壳外侧静脉，多量采血可在隐静脉采集，也可用尖刀划破趾垫0.5 cm深或剪断尾尖部采血；啮齿类动物，可从尾尖采血，也可由眼窝内的血管丛采血。

6.1.1.2 猪可前腔静脉或耳静脉采血；羊常采用颈静脉或前后肢皮下静脉采血；犬可选择前肢隐静脉或颈静脉采集；兔可从耳背静脉、颈静脉或心脏采血；禽类通常选择翅静脉采血，也可心脏采血。

6.1.2 采血方法

应对动物采血部位的皮肤先剃毛(拔毛),用1%~2%碘酊消毒后,再用75%的酒精棉球由内向外螺旋式脱碘消毒,干燥后穿刺采血。采血可用采血器或真空采血管(不适合小静脉,适用于大静脉)。少量的血可用三棱针穿刺采集,将血液滴到开口的试管内。

6.1.2.1 猪耳缘静脉采血

按压使猪耳静脉血管怒张,采样针头斜面朝上、呈15°角沿耳缘静脉由远心端向近心端刺入血管,见有血液回流后放松按压,缓慢抽取血液或接入真空采血管。

6.1.2.2 猪前腔静脉采血

6.1.2.2.1 站立保定采血

将猪的头颈向斜上方拉至与水平面呈30°以上角度,偏向一侧。选择颈部最低凹处,使针头偏向气管约15°方向进针,见有血液回流时,即把针芯向外拉使血液流入采血器或接入真空采血管。

6.1.2.2.2 仰卧保定采血

将猪前肢向后方拉直,针头穿刺部位在胸骨端与耳基部连线上胸骨端旁2 cm的凹陷处,向后内方与地面呈60°角刺入2~3 cm,见有血液回流时,即把针芯向外拉使血液流入采血器或接入真空采血管。

6.1.2.3 牛尾静脉采血

将牛尾上提,在离尾根10 cm左右中点凹陷处,将采血器针头垂直刺入约1 cm,见有血液回流时,即可把针芯向外拉使血液流入采血器或接入真空采血管。

6.1.2.4 牛、羊、马颈静脉采血

在采血部位下方压迫颈静脉血管,使之怒张,针头与皮肤呈45°角由下向上方刺入血管,见有血液回流时,即可把针芯向外拉使血液流入采血器或接入真空采血管。

6.1.2.5 禽翅静脉采血

压迫翅静脉近心端,使血管怒张,针头平行刺入静脉,放松对近心端的

按压,缓慢抽取血液;或用针头刺破消毒过的翅静脉,将血液滴到直径为 3~4 mm 的塑料管内,将一端封口。

6.1.2.6 禽心脏采血

6.1.2.6.1 雏禽心脏采血

针头平行颈椎从胸腔前口插入,见有血液回流时,即把针芯向外拉使血液流入采血器。

6.1.2.6.2 成年禽心脏采血

右侧卧保定时,在触及心搏动明显处,或胸骨脊前端至背部下凹处连线的 1/2 处,垂直或稍向前方刺入 2~3 cm,见有血液回流即可采集。

仰卧保定时,胸骨朝上,压迫嗉囊,露出胸前口,将针头沿其锁骨俯角刺入,顺着体中线方向水平刺入心脏,见有血液回流即可采集。

6.1.2.7 犬猫前臂头静脉采血

压迫犬猫肘部使前臂头静脉怒张,绷紧头静脉两侧皮肤,采样针头斜面朝上、呈 15°角由远心端向近心端刺入静脉血管,见有血液回流时,缓慢抽取血液或接入真空采血管。

6.1.3 血样的处理

6.1.3.1 全血样品

样品容器中应加 0.1%肝素钠、阿氏液(见 A.1,2 份阿氏液可抗 1 份血液)、3.8%~4%枸橼酸钠 (0.1 mL 可抗 1 mL 血液)或乙二胺四乙酸(EDTA,PCR 检测血样的首选抗凝剂)等抗凝剂,采血后充分混合。

6.1.3.2 脱纤血样品

应将血液置入装有玻璃珠的容器内,反复振荡,注意防止红细胞破裂。待纤维蛋白凝固后,即可制成脱纤血样品,封存后以冷藏状态立即送至实验室。

6.1.3.3 血清样品

应将血样室温下倾斜 30°静置 2~4 h,待血液凝固有血清析出时,无菌剥离血凝块,然后置 4℃冰箱过夜,待大部分血清析出后即可取出血清,必要时可低速离心(1 000 g 离心 10~15 min)分离出血清。在不影响检验要求原则下,可以根据需要加入适宜的防腐剂。做病毒中和试验的血清和抗体检测的血清均应避免使用化学防腐剂(如叠氮钠、硼酸、硫柳贡等)。若需长时间保存,应将血清置-20℃以下保存,且应避免反复冻融。

采集双份血清用于比较抗体效价变化的,第一份血清采于疫病初期并做冷冻保存,第二份血清采于第一份血清后3~4周,双份血清同时送至实验室。

6.1.3.4　**血浆样品**

应在样品容器内先加入抗凝剂(见6.1.3.1),采血后充分混合,然后静止,待红细胞自然下沉或离心沉淀后,取上层液体即为血浆。

6.2　**一般组织样品**

应使用常规解剖器械剥离动物的皮肤。体腔应用消毒器械剥开,所需病料应按无菌操作方法从新鲜尸体中采集。剖开腹腔时,应注意不要损坏肠道。

6.2.1　**病原分离样品**

6.2.1.1　所采组织样品应新鲜,应尽可能地减少污染,且应避免其接触消毒剂、抗菌、抗病毒等药的。

6.2.1.2　应用无菌器械切取做病原(细菌、病毒、寄生虫等)分离用组织块,每个组织块应单独置于无菌容器内或接种于适宜的培养基上,且应注明动物和组织名称以及采样日期等。

6.2.2　**组织病理学检查样品**

6.2.2.1　样品应保证新鲜。处死或病死动物应立刻采样,应选典型、明显的病变部位,采集包括病灶及临近正常组织的组织块,立即放入不低于10倍于组织块体积的10%中性缓冲福尔马林溶液(见A.2)中固定,固定时间一般为16~24 h。切取的组织块大小一般厚度不超过0.5 cm,长宽不超过1.5 cm×1.5 cm,固定3~4 h后进行修块,修切为厚度0.2 cm、长宽1 cm×1 cm大小(检查狂犬病则需要较大的组织块)后,更换新的固定液继续固定。组织块切忌挤压、刮摸和用水洗。如做冷冻切片用,则应将组织块放在0~4℃容器中,送往实验室检验。

6.2.2.2　对于一些可疑疾病,如检查痒病、牛海绵状脑病或其他传染性海绵状脑病(TSEs)时,需要大量的脑组织。采样时,应将脑组织纵向切割,一半新鲜加冰呈送,另一半加 10%中性缓冲福尔马林溶液固定。

6.2.2.3　福尔马林固定组织应与新鲜组织、血液和涂片分开包装。福尔马林固定组织不能冷冻,固定后可以弃去固定液,应保持组织湿润,送往实验室。

6.3　猪扁桃体样品

打开猪口腔,将采样枪的采样钩紧靠扁桃体,扣动扳机取出扁桃体组织。

6.4　猪鼻腔拭子和家禽咽喉拭子样品

取无菌棉签,插入猪鼻腔 2~3 cm 或家禽口腔至咽的后部直达喉气管,轻轻擦拭并慢慢旋转 2~3 圈,沾取鼻腔分泌物或气管分泌物取出后,立即将拭子浸入保存液或半固体培养基中,密封低温保存。常用的保存液有 pH 7.2~7.4 的灭菌肉汤(见 A.3)或 30%甘油磷酸盐缓冲液(见 A.4)或 PBS 缓冲液(见 A.5),如准备将待检标本接种组织培养,则保存于含 0.5%乳蛋白水解物的 Hank's 液(见 A.6)中。一般每支拭子需保存 5 mL。

6.5　牛、羊食道—咽部分泌物(O-P 液)样品

被检动物在采样前禁食(可饮水)12 h,以免反刍胃内容物严重污染 O-P 液。采样用的特制探杯(probang cup)在使用前经 0.2%柠檬或 2%氢氧化钠浸泡,再用自来水冲洗。每采完一头动物,探杯都要重复进行消毒和清洗。采样时动物站立保定,操作者左手打开动物空腔,右手握探杯,随吞咽动作将探杯送入食道上部 10~15 cm,轻轻来回移动 2~3 次,然后将探杯拉出。如采集的 O-P 液被反刍内容物严格污染,要用生理盐水或自来水冲洗口腔后重新采样。在采样现场将采集到的 8~10 mL O-P 液倒入盛有 8~10 mL 细胞培养维持液或 0.01 mol/L PBS(pH 7.4)的灭菌容器中,充分混匀后置于装有冰袋的冷藏箱内,送往实验室或转往-60℃冰箱保存。

6.6　胃液及瘤胃内容物样品

6.6.1　胃液样品

胃液可用多孔的胃管抽取,将胃管送入胃内,其外露端接在吸引器的负压瓶上,加负压后,胃液即可自动流出。

6.6.2　瘤胃内容物样品

反刍动物在反刍时，当食团从食道逆入口腔时，立即开口拉住舌头，伸入口腔即可取出少量的瘤胃内容物。

6.7　肠道组织、肠内容物样品

6.7.1　肠道组织样品

应选择病变最明显的肠道部分，弃去内容物并用灭菌生理盐水冲洗，无菌截取肠道组织，置于灭菌容器或塑料袋送检。

6.7.2　肠内容物样品

取肠内容物时，应烧烙肠壁表面，用吸管扎穿肠壁，从肠腔内吸取内容物放入盛有灭菌的 30%甘油磷酸盐缓冲液（见 A.4）或半固体培养基中送检，或将带有粪便的肠管两端结扎，从两端剪断送检。

6.8　粪便和肛拭子样品

6.8.1　粪便样品

应选新鲜粪便至少 10 g，做寄生虫检查的粪便应装入容器，在 24 h 内送达实验室。如运输时间超过 24 h 则应进行冷冻，以防寄生虫虫卵孵化。运送粪便样品可用带螺帽容器或灭菌塑料袋，不得使用带皮塞的试管。

6.8.2　肛拭子样品

采集肛拭子样品时，取无菌棉拭子插入畜禽肛门或泄殖腔中，旋转 2~3 圈，刮取直肠黏液或粪便，放入装有 30%甘油磷酸盐缓冲液（见 A.4）或半固体培养基中送检。粪便样品通常在 4℃下保存和运输。

6.9　皮肤组织及其附属物样品

对于产生水泡病变或其他皮肤病变的疾病，应直接从病变部位采集病变皮肤的碎屑、未破裂水泡的水泡液、水泡皮等作为样品。

6.9.1　皮肤组织样品

无菌采取 2 g 感染的上皮组织或水泡皮置于 5 mL 30%甘油磷酸盐缓冲液（见 A.4）中送检。

6.9.2 毛发或绒毛样品

拔取毛发或绒毛样品，可用于检查体表的螨虫、跳蚤和真菌感染。用解剖刀片边缘刮取的表层皮屑用于检查皮肤真菌，深层皮屑（刮至轻微出血）可用于检查疥螨。对于禽类，当怀疑为马立克氏病时，可采集羽毛根进行病毒抗原检测。

6.9.3 水泡液样品

水泡液应取自未破裂的水泡。可用灭菌注射器或其他器具吸取水泡液，置于灭菌容器中送检。

6.10 生殖道分泌物和精液样品

6.10.1 生殖道冲洗样品

采集阴道或包皮冲洗液。将消毒好的特制吸管插入子宫颈口或阴道内，向内注射少量营养液或生理盐水，用吸球反复抽吸几次后吸出液体，注入培养液中。用软胶管插入公畜的包皮内，向内注射少量的营养液或生理盐水，多次揉搓，使液体充分冲洗包皮内壁，收集冲洗液注入无菌容器中。

6.10.2 生殖道拭子样品

采用合适的拭子采取阴道或包皮内分泌物，有时也可采集宫颈或尿道拭子。

6.10.3 精液样品

精液样品最好用假阴道挤压阴茎或人工刺激的方法采集。精液样品精子含量要多，不要加入防腐剂，且应避免抗菌冲洗液污染。

6.11 脑、脊髓类样品

应将采集的脑、脊髓样品浸入30%甘油磷酸盐缓冲液（见A.4）中或将整个头部割下，置于适宜容器内送检。

6.11.1 牛羊脑组织样品

从延脑腹侧将采样勺插入枕骨大孔中5~7 cm（采羊脑时插入深度约为4 cm），将勺子手柄向上扳，同时往外取出延脑组织。

6.11.2　犬脑组织样品

取内径 0.5 cm 的塑料吸管，沿枕骨大孔向一只眼的方向插入，边插边轻轻旋转至不能深入为止，捏紧吸管后端并拔出，将含脑组织部分的吸管用剪刀剪下。

6.11.3　脑脊液样品

6.11.3.1　颈椎穿刺法

穿刺点为环枢孔。动物实施站立保定或横卧保定，使其头部向前下方屈曲，术部经剪毛消毒，穿刺针与皮肤面呈垂直缓慢刺入。将针体刺入蛛网膜下腔，立即拔出针芯，脑脊液自动流出或点滴状流出，盛入消毒容器内。大型动物颈部穿刺一次采集量为 35~70 mL。

6.11.3.2　腰椎穿刺法

穿刺部位为腰荐孔。动物实施站立保定，术部剪毛消毒后，用专用的穿刺针刺入，当刺入蛛网膜下腔时，即有脊髓液滴状滴出或用消毒注射器抽取，盛入消毒容器内。腰椎穿刺一次采集量为 1~30 mL。

6.12　眼部组织和分泌物样品

眼结膜表面用拭子轻轻擦拭后，置于灭菌的 30%甘油磷酸盐缓冲液（见 A.4，病毒检测加双抗）或运输培养基中送检。

6.13　胚胎和胎儿样品

选取无腐败的胚胎、胎儿或胎儿的实质器官，装入适宜容器内立即送检。如果在 24 h 内不能将样品送达实验室，应冷冻运送。

6.14　小家畜及家禽样品

将整个尸体包入不透水塑料薄膜、油纸或油布中，装入结实、不透水和防泄漏的容器内，送往实验室。

6.15　骨骼样品

需要完整的骨标本时，应将附着的肌肉和韧带等全部除去，表面撒上食盐，然后包入浸过 5%石炭酸溶液的纱布中，装入不漏水的容器内送往实验室。

6.16 液体病料样品

采集胆汁、脓、黏液或关节液等样品时，应采用烫烙法消毒采样部位，用灭菌吸管、毛细吸管或注射器经烫烙部位插入，吸取内部液体病料，然后将病料注入灭菌的试管中，塞好棉塞送检。也可用接种环经消毒的部位插入，提取病料直接接种在培养基上。

供显微镜检查的脓、血液及黏液抹片的制备方法：先将材料置玻片上，再用一灭菌玻棒均匀涂抹或另用一玻片推抹。用组织块做触片时，持小镊子将组织块的游离面在玻片上轻轻涂抹即可。

6.17 乳汁样品

乳房应先用消毒药水洗净，并把乳房附近的毛刷湿，最初所挤 3~4 把乳汁弃去，然后再采集 10 mL 左右乳汁于灭菌试管中。进行血清学检验的乳汁不应冻结、加热或强烈震动。

6.18 尿液样品

在动物排尿时，用洁净的容器直接接取；也可使用塑料袋，固定在雌畜外阴部或雄畜的阴茎下接取尿液。采取尿液，宜早晨进行。

6.19 鼻液（唾液）样品

可用棉花或棉纱拭子采取。采样前，最好用运输培养基浸泡拭子。拭子先与分泌物接触 1 min，然后置入该运输培养基，在 4℃条件下立即送往实验室。应用长柄、防护式鼻咽拭子采集某些疑似病毒感染的样品。

6.20 环境和饲料样品

环境样品通常采集垃圾、垫草或排泄的粪便或尿液。可用拭子在通风道、饲料槽和下水处采样。这种采样在有特殊设备的孵化场、人工授精中心和屠宰场尤其重要。样品也可在食槽或大容器的动物饲料中采集。水样样品可从饲槽、饮水器、水箱或天然及人工供应水源中采集。

6.21 其他

对于重大动物疫病如新城疫、口蹄疫、禽流感、猪瘟和高致病性猪蓝耳病，样品采集应按照 GB/T 16550—2008 中 4.1.1、GB/T 18935—2003 中附录

A、GB/T 18936—2003 中 2.1.1、GB/T 16551—2008 中 3.2.1 和 3.4.1 的规定执行。

7　样品保存、包装与废弃物处理

7.1　样品保存

7.1.1　采集的样品在无法于 12 h 内送检的情况下，应根据不同的检验要求，将样品按所需温度分类保存于冰箱、冰柜中。

7.1.2　血清应放于-20℃冻存，全血应放于 4℃冰箱中保存。

7.1.3　供细菌检验的样品应于 4℃保存，或用灭菌后浓度为 30%~50%的甘油生理盐水 4℃保存。

7.1.4　供病毒检验的样品应在 0℃以下低温保存，也可用灭菌后浓度为 30%~50%的灭菌甘油生理盐水 0℃以下低温保存。长时间-20℃冻存不利于病毒分离。

7.2　样品包装

7.2.1　每个组织样品应仔细分别包装，在样品袋或平皿外贴上标签，标签注明样品名、样品编号和采样日期等，再将各个样品放到塑料包装袋中。

7.2.2　拭子样品的小塑料离心管应放在规定离心管塑料盒内。

7.2.3　血清样品装于小瓶时应用铝盒盛放，盒内加填塞物避免小瓶晃动。若装于小塑料离心管中，则应置于离心管塑料盒内。

7.2.4　包装袋外、塑料盒及铝盒应贴封条，封条上应有采样人的签章，并应注明贴封日期，标注放置方向。

7.2.5　重大动物疫病采样，如高致病性禽流感、口蹄疫、猪瘟、高致病性蓝耳病、新城疫等应按照中华人民共和国农业部公告第 503 号的规定执行。

7.3　废弃物处理

7.3.1　无法达到检测要求的样品做无害化处理，应按照 GB 16548、中华人民共和国国务院令第 424 号和中华人民共和国农业部公告第 302 号的规定执行。

7.3.2 采过病料用完后的器械，如一次性器械应进行生物安全无害化处理;可重复使用的器械应先消毒后清洗,检查过疑似牛羊海绵状脑病的器械应放在 2 mol/L 的氢氧化钠溶液中浸泡 2 h 以上,才可再次使用。

8 采样记录

8.1 采样时,应清晰标识每份样品,同时在采样记录表上填写采样的相关信息。

8.2 应记录疫病发生的地点(如可能,记录所处的经度和纬度)、畜禽场的地址和畜主的姓名、地址、电话及传真。

8.3 应记录采样者的姓名、通信地址、邮编、E-mail 地址、电话及传真。

8.4 应记录畜(禽)场里饲养的动物品种及其数量。

8.5 应记录疑似病种及检测要求。

8.6 应记录采样动物畜种、品种、年龄和性别及标识号。

8.7 应记录首发病例和继发病例的日期及造成的损失。

8.8 应记录感染动物在畜群中的分布情况。

8.9 应记录农场的存栏数、死亡动物数、出现临床症状的动物数量及其日龄。

8.10 应记录临床症状及其持续时间,包括口腔、眼睛和腿部情况,产奶或产蛋的记录,死亡时间等。

8.11 应记录受检动物清单、说明及尸检发现。

8.12 应记录饲养类型和标准,包括饲料种类。

8.13 应记录送检样品清单和说明,包括病料的种类、保存方法等。

8.14 应记录动物的免疫和用药情况。

8.15 应记录采样及送检日期。

9　样品运输

9.1　应以最快最直接的途径将所采集的样品送往实验室。

9.2　对于可在采集后 24 h 内送达实验室的样品，可放在 4℃左右的容器中冷藏运输；对于不能在 24 h 内送达实验室但不影响检验结果的样品，应以冷冻状态运送。

9.3　运输过程中应避免样品泄漏。

9.4　制成的涂片、触片、玻片上应注明编号。玻片应放入专门的病理切片盒中，在保证不被压碎的条件下运送。

9.5　所有运输包装均应贴上详细标签，并做好记录。

9.6　运送高致病性病原微生物样品，应按照中华人民共和国国务院令第 424 号的规定执行。

附录 A
（规范性附录）
样品保存液的配制

A.1 阿（Alserer）氏液

葡萄糖	2.05 g
柠檬酸钠（$Na_3C_6H_5O_7 \cdot 2H_2O$）	0.80 g
氯化钠（NaCl）	0.42 g
蒸馏水（或无离子水）	加至 100 mL

调配方法：溶解后，以 10%柠檬酸调至 pH 为 6.1 分装后，70 kPa，10 min 灭菌，冷却后 4℃保存备用。

A.2 10%中性缓冲福尔马林溶液（pH 7.2~7.4）

A.2.1 配方 1：

37%~40%甲醛	100 mL
磷酸氢二钠（Na_2HPO_4）	6.5 g
一水磷酸二氢钠（$NaH_2PO_4 \cdot H_2O$）	4.0 g
蒸馏水	900 mL

调配方法：加蒸馏水约 800 mL，充分搅拌，溶解无水磷酸氢二钠 6.5 g 和一水磷酸二氢钠 4.0 g，将溶解液加入到 100 mL 37%~40%的甲醛溶液中，定容到 1 L。

A.2.2 配方 2：

37%~40%甲醛	100 mL
0.01 mol/L 磷酸盐缓冲液	900 mL

调配方法：首先称取 8 g NaCl、0.2 g KCl、44 g Na_2HPO_4 和 0.24 g KH_2PO_4，溶于 800 mL 蒸馏水中。用 HCl 调节溶液的 pH 至 7.4，最后加蒸馏水定容至 1 L，即为 0.01 mol/L 的磷酸盐缓冲液（PBS，pH 7.4）。然后，量取 900 mL 0.01 mol/L PBS 加入到 100 mL 37%~40%的甲醛溶液中。

A.3　肉汤（broth）

牛肉膏	3.50 g
蛋白胨	10.00 g
氯化钠（NaCl）	5.00 g

调配方法：充分混合后，加热溶解，校正 pH 为 7.2~7. 4。再用流通蒸汽加热 3 min，用滤纸过滤，获黄色透明液体，分装于试管或烧瓶中，以 100 kPa、20 min 灭菌。保存于冰箱中备用。

A.4　30%甘油磷酸盐缓冲液（pH 7.6）

甘油	30.00 mL
氯化钠（NaCl）	4.20 g
磷酸二氢钾（KH_2PO_4）	1.00 g
磷酸氢二钾（K_2HPO_4）	3.10 g
0.02%酚红	1.50 mL
蒸馏水	加至 100 mL

调配方法：加热溶化，校正 pH 为 7.6，100 kPa，15 min 灭菌，冰箱保存备用。

A.5　0.01 mol/L PBS 缓冲液（pH 7.4）

磷酸二氢钾（KH_2PO_4）	0.27 g

磷酸氢二钠(Na_2HPO_4)/12 水磷酸氢二钠($Na_2HPO_4 \cdot 12H_2O$) 1.42 g/3.58 g

氯化钠(NaCl) 8.00 g

氯化钾(KCl) 0.20 g

调配方法:加去离子水约 800 mL,充分搅拌溶解。然后,用 HCl 溶液或 NaOH 溶液校正 pH 为 7.4,最后定容到 1 L。高温高压灭菌后室温保存。

A.6 0.5%乳蛋白水解物的 Hank's 液

甲液:

氯化钠(NaCl) 8.0 g

氯化钾(KCl) 0.4 g

7 水硫酸镁($MgSO_4 \cdot 7H_2O$) 0.2 g

氯化钙($CaCl_2$)/2 水氯化钙($CaCl_2 \cdot 2H_2O$) 0.14 g/0.185 g

置入 50 mL 的容量瓶中,加 40 mL 三蒸水充分搅拌溶解,最后定容至 50 mL。

乙液:

磷酸氢二钠(Na_2HPO_4)/12 水磷酸氢二钠($Na_2HPO_4 \cdot 12H_2O$) 0.06 g/1.52 g

磷酸二氢钾(KH_2PO_4) 0.06 g

葡萄糖 1.0 g

置入 50 mL 的容量瓶中,加 40 mL 三蒸水充分搅拌溶解后,再加 0.4%酚红 5 mL,混匀,最后定容至 50 mL。

调配方法:取甲液 25 mL、乙液 25 mL 和水解乳蛋白 0.5 g,充分混匀,最后加三蒸水定容至 500 mL,高压灭菌后 4℃保存备用。